清爽美味的点心

陪你度过每一段甜蜜时光

Pâtisserie française sans gluten

好吃的低糖法式点心

［日］大森由纪子　著

新锐园艺工作室　组译

于蓉蓉　张文昌　译

中国农业出版社

北　京

法式点心可以做成无麸质的

　　学习制作法国点心的人，一般会以做出法国味道为目标，在制作时也会选择使用和法国面粉相近的面粉。我也曾是其中之一。

　　但有一天我注意到，我是日本人，要在日本做出和法国一样味道的点心是不可能的。如果也能做得好吃的话，还是想用日本的食材来做法式点心。而且使用日本的食材如果能将点心做得好吃不是更棒？

　　于是我就尝试使用了米粉。米粉做的点心实际上会有像酥饼一样酥脆的口感。

　　我母亲的娘家曾是经营米店的。小时候，我特别喜欢外祖父加工糙米时的香味，还经常把米粒搅和出来。或许是因为有这样的经历，才会使用米粉吧。

　　大米容易消化，是因为没有黏性强的麸质(小麦中含有的一种蛋白质)，所以感觉肠胃变好了。

　　除了米粉以外，我也开始关注大豆粉、玉米粉、豆腐渣粉等无麸质的面粉，做点心也变得更开心。我发现法式点心也可以不用小麦粉做出来。这本书介绍了我原创的制作方法，这些制作方法保留了制作法式点心的精华。

　　希望大家在关注口感和味道的同时，也一定要关注食用无麸质的食物后身体状况的变化。

Y. Ohnmi

在开始做点心之前

- 擀面皮的时候，可适当撒些面粉（米粉，配料外）。但是，最好尽量少用或避免使用。
- 将冷藏过的面团放至接近室温的状态后，再放入烤箱烘烤。
- 烘烤温度、烘烤时间因烤箱型号而异，请根据具体情况适当调整。本书使用的是电烤箱。使用燃气烤箱时，请将温度调低 10 ~ 20℃。
- 烘烤出炉的点心，通常需要稍微冷却一下再脱模，然后放在冷却架上冷却。

第 1 章

传统法式点心

14 ◈ 什么是传统法式点心

16 ◈ 传统法式点心的故事

第 2 章

法式地方点心

34 ◈ 法式点心纪行

不使用小麦粉做点心

"制作法式点心使用小麦粉"这似乎是理所当然的。

就在不久之前人们还无法想象不使用小麦粉来做法式点心。

关于不使用小麦粉做点心，下面做一简要说明。

什么可以代替小麦粉？

一般主要是用米粉来代替小麦粉。除此之外，还可以使用无麸质的大豆粉、玉米粉、豆腐渣粉等。

为什么要用小麦粉？

小麦粉中含有两种蛋白质，一种是麦醇溶蛋白，另一种是麦谷蛋白。当在小麦粉中加水揉成面团时，这两种蛋白质可以让面团更有黏性和弹性。这也是为什么有空气进入面包和蛋糕时，面包和蛋糕就会膨起变得有嚼劲儿。

大豆粉

玉米粉

豆腐渣粉

米 粉

任何种类的点心都可以不用小麦粉吗？

几乎所有的法式点心都可以用米粉代替小麦粉来制作。尤其是布列塔尼薄饼等口感松脆的饼干类，以及布列塔尼苹果蛋糕等口感软糯有嚼劲儿的点心适合用米粉制作，另外，米粉还可以用来做夹心蛋糕等蛋白霜点心。但是，米粉不适合制作口感筋道等需要麸质的点心。

米粉点心的特点

用米粉代替小麦粉做出的点心在外观和香味上并没有特别的差异。如果不说明是米粉做的点心，大家根本不会发现。但在口感上会有些差别。用米粉做的点心吃起来有曲奇的松脆感，又有玛德琳蛋糕的软糯。海绵般柔软质地的米粉面团烘烤成质朴的口感。而且，用米粉做的点心在饭后食用很容易消化。

用米粉做点心的窍门

精确称量

使用小麦粉时，精确称量是很重要的，但用米粉时精确称量更重要。本书中，食材的基本单位是克。在开始做之前，先称量一下食材吧。

要不要筛米粉？

在平常做点心时，因为小麦粉的颗粒细，很容易黏在一起，所以需要过筛。但是米粉非常干爽，除了玛德琳蛋糕这类需要混合食材的点心，其余都不用过筛。不过，如果想要做出像海绵般蓬松的点心，还是筛一遍吧。另外，通常为了让麸质稳定下来，需要将面团静置一段时间，但是不含麸质的米粉或大豆粉只要稍微搁放一会儿就可以了！

不用在意混合的方式

使用小麦粉时，因为与水混合会形成胶质的面筋，所以如果不静置醒发一会儿就烘烤，很容易使面团收缩或者变硬。而米粉不含麸质，所以不用担心这一点，不会因为与水充分混合而变硬，所以即使是初学者也容易上手。

米粉能很好地吸收水分

米粉比小麦粉更容易吸水。例如，蛋挞皮和泡芙皮，用米粉制作时要比用小麦粉制作时需要的水分少，相应地就会需要更多的鸡蛋。另外，做好的面团因为不含麸质而不易成形，拿放时需要注意。

Colimn

无麸质是什么？

麸质是小麦、黑麦、大麦中含量较多的一种蛋白质。以小麦、黑麦、大麦为原料制作的面包、意大利面、比萨、点心等食品中都含有麸质。最近，一种称为无麸质的饮食方式被人们所熟知，这种饮食方式是指不摄入小麦、黑麦、大麦中所含的蛋白质。在国外，好莱坞女星、模特在采用无麸质饮食减肥法，越来越多的运动员也开始采用无麸质饮食方式。无麸质的食材也出现在超市中，无麸质饮食越来越被人们所接受。这种饮食方式被认为可以改善过敏、慢性疲劳、抑郁和肥胖等。

小麦过敏　减肥　体质弱……
想要减少小麦粉摄取量的人，请一定尝试做一下。

本书使用的配料

本书使用的配料都可以在超市或者点心食材专卖店里买到。
为你想做的点心准备所需的配料吧。

1.米粉

米粉是用粳米磨成的粉。特点是比上新粉*还要细。请选择使用不含麸质的点心用米粉。根据品牌的不同，米粉的精细度也不同，在选择时要留意。细米粉更适合制作点心。本书使用的是日清制粉的"收获（专用）"。使用不同种类的米粉时，要适当调整鸡蛋和水的用量。

2.大豆粉

大豆粉是大豆磨成的粉。黄豆粉和大豆粉都是用大豆磨成的粉，不同的是黄豆粉由烘熟的大豆磨成，大豆粉由生大豆磨成。大豆粉有独特的香味。

3.玉米粉

玉米粉是将玉米干燥后磨成的粉。和面团揉在一起时会散发香气。根据粗细度不同，玉米粉分不同的种类，分别是玉米渣（corn grits）、玉米末（cornmeal）和玉米面（corn flour），三者颗粒依次越来越细。本书使用的是玉米面。

4.杏仁粉

杏仁粉是用杏仁磨成的粉。味道醇厚，是法式点心不可或缺的食材。

5.发酵粉

请选择使用无铝的发酵粉，并且不含小麦粉。发酵粉可以使点心膨胀。

6.可可粉

从可可豆中挤出可可油后，将剩下的残渣磨成粉末就是可可粉了。本书使用的是无糖的可可粉。

7.黄油

做点心最好使用不含盐的黄油。本书使用的是中泽乳业的"中泽新鲜黄油（不添加食盐）"。

8.鸡蛋

本书以 M 号（58～64 克）为基准。每个鸡蛋净重 50 克（蛋清 30 克，蛋黄 20 克）。如果鸡蛋是 S 号（52～58 克）或 L 号（64～70 克）时，请调整鸡蛋用量。在做蛋白霜时，把蛋清放在冰箱里冷藏一会儿比较好。同时需要注意，如果碗里有油脂，鸡蛋就不容易起泡。

9.白砂糖

砂糖不仅能增加点心的甜度，还能增加饱腹感，延长点心的保质期，并增添点心的光泽。本书主要使用的是白砂糖。白砂糖是用糖液制成的细小颗粒，易溶，适合做点心。其特点是不甜腻。

10.糖粉

糖粉是粉末状的白砂糖，比白砂糖更干爽，可以在制作各种点心过程中使用，也经常用于装饰。用于装饰时，推荐使用防潮糖粉或糖霜。

11.牛奶

使用超市里出售的牛奶。本书使用的是中泽乳业的"MILK（成分无调整的牛奶）"。

12.鲜奶油

本书使用的是动物性鲜奶油。乳脂含量不同，鲜奶油的香味也不同。推荐使用乳脂含量 35%～42% 的鲜奶油。本书使用的是中泽乳业的"40% 的北海道鲜奶油"。

---

*　上新粉也是由粳米加工而成，但与米粉加工方式不同，上新粉需要将粳米精白后水洗，再加入少量水磨成粉。——译者注

本书使用的烘焙工具

为了做出更好的点心，在开始烘焙前把食谱看一遍，
准备好必要的工具和模具。

1.盆

盆主要用于盛放食材、搅拌食材、放冰水里冷却食材等，是烘焙点心不可或缺的工具。最好选择热传导率高的不锈钢材质，并且备齐各种尺寸的，这样使用起来更方便。

2.筛子

筛子主要用于筛粉或揉面。需要过筛的面粉不多时，也可以使用茶漏过筛。

3.打蛋器

打蛋器主要用于搅拌面糊，以及搅拌鸡蛋至起泡时使用，是烘焙点心不可或缺的工具。可以根据盆的大小来选择不同尺寸的打蛋器。

4.电动搅拌器

电动搅拌器能快速、简单地完成起泡工序。推荐使用扇叶宽，起泡速度至少分为低、中、高三挡的搅拌器。

5.橡胶铲

橡胶铲可以用于混合食材，同时还可以在将食材倒入模具时减少不必要的浪费。准备不同尺寸的橡胶铲会更方便。

6.木铲

木铲在搅拌食材、揉面、过滤*时不可或缺。手柄长的木铲比较方便使用。普通的木铲容易附着香味和颜色，所以推荐使用点心专用的木铲。

7.抹刀

抹刀用于平整面团，在蛋糕表面涂奶油，或从蛋糕模具中取出蛋糕等。

8.刷子

刷子在涂蛋黄或糖浆时会用上，有时扑粉时也可使用。使用后要认真清洗，去除残留水分并晾干。

9.塑料刮板

塑料刮板用于搅拌、聚拢、切割、平整面团。曲线边和直线边有不同的用法。

10.切面刀

从工作台上铲起残留的面团时使用，也可用于切割面团或平整面团。

11.裱花袋、裱花嘴

裱花袋在将面糊装进模具中时使用，或挤奶油时使用。裱花嘴装在裱花袋的前端。孔的形状和大小决定挤出奶油的形状。形状和大小需要变化时，多准备几个就可以了。

12.烘焙纸

烘焙纸铺在模具或烤盘上使用。有一次性的，也有可以多次使用的。

13.擀面杖

擀面杖可以擀开面团。有重量和粗细之分，选择比面团要擀开的长度稍微长一点儿的擀面杖比较好。如果没有合适粗度的，细一点儿的也可以。

14.电子秤

推荐使用能精细称量 1 ~ 2 克的电子秤。带有去皮功能（去掉装物品的容器的重量）的最方便。

---

* 是指将南瓜等固体食材放在筛面上，用木铲按压使其通过筛子。——译者注

法式点心用语集

A～E

比思奇 biscuit
用分蛋法制作的海绵蛋糕。

戳孔 piquer
在烘焙蛋挞时，为了防止面团在烘焙时膨胀或缩小，可以用叉子在面团上戳些小孔。

脆饼 croquant
法语croquant是"脆"的意思。大多搭配核桃和杏仁。

蛋白霜 meriengue
蛋白霜是在蛋清里加入砂糖充分搅拌而成，提起打蛋器会出现直立短小的尖角。也指用蛋白霜直接烤熟的点心。做蛋白霜的时候，蛋清冷藏一下比较好。因为水分和油脂有消除气泡的作用，所以盆和打蛋器上不能附着水分和油脂。因为蛋白霜的泡泡容易消失，所以起泡后要立刻使用。和其他配料混合时，注意不要弄碎泡泡（巴黎名点马卡龙例外）。

蛋白果仁面皮
pâte à succès
在蛋白霜上撒上杏仁粉或榛子粉，加入小麦粉烤制而成。

蛋糕 gâteau
法语gâteau是"蛋糕"的意思，也指所有的西式点心。

F～J

翻糖 fondant
用高温煮沸糖浆后，使其冷却再结晶变白而形成的奶油状物。可裹在点心上做糖衣。也指糖粉兑入洋酒的调制品。

甘纳许 ganache
在巧克力中加入鲜奶油、黄油、牛奶、洋酒等混合而成的巧克力奶油。

格雷派饼 galette
扁平状点心，主要以圆形居多。虽然不是点心，但荞麦粉做的薄饼也叫格雷派饼。

果酱 confiture
用水果熬制而成。

果仁酱 pâte de pralin
将烘烤过的杏仁、榛子加上砂糖碾碎后制成的酱。

鸡蛋黄油面团 appareil
鸡蛋、面粉、黄油等食材混合揉成的面团。

焦糖 caraméliser
用糖和水一起熬成的黏稠液体或粉末。有时也用焦糖包裹坚果。

杰诺瓦士 génoise
指用全蛋法制作而成的海绵蛋糕。全蛋法（日本称为共立法）是指将鸡蛋的蛋清和蛋黄一起打发，形成细密的海绵质地。还有一种叫作分蛋法（比思奇，biscuit），是将蛋清和蛋黄分离，将蛋清打发，再加入蛋黄、面粉来制作，日本称为别立法。

K～O

考维曲 couverture
点心用巧克力，含有31%以上的可可油，口感香浓。可可油含量高时，涂在点心上会呈现出美丽的光泽。法语couverture是"覆盖"的意思。

奶油冻 mousee
将巧克力和水果与已发泡的鲜奶油和蛋白霜混合，冷却凝固。很多时候也用明胶冷却凝固。

P～T

泡芙皮 pâte à choux
法语pâte à choux是"卷心菜"的意思。由于烤好后形似卷心菜，因此得名。

舒芙蕾 soufflé
法语soufflé是"使充气或蓬松地胀起来"的意思。也有的译为梳乎厘、蛋奶酥。

起酥面皮 pâte brisée
脆脆口感的蛋挞皮。大部分是用盐代替糖做的，所以不甜。法语pâte brisée是"破碎"的意思，给人酥脆的感觉。

糖粉奶油细末 streusel
将小麦粉、砂糖和黄油混合，使其呈现蓬松状。常用作蛋糕的配料。英语叫crumble。

糖霜 glaçage
在点心表面撒上砂糖。有时是为了风味或光泽而添加的，有时是为了防止干燥而撒的。

甜酥面皮 pâte sucrée
加入砂糖的蛋挞皮。

U～Z

香草 vanille
"兰花"的一种。为点心增加香味的香料植物。主要使用香草荚中的种子。香料物质还有香草精和香草油。

杏仁粉
poudre d'amandes
指杏仁磨成的粉。

杏仁膏 pâte d'amandes
是由杏仁粉和砂糖混合而成的糊状物。可以用来做蛋挞心，还可以加在奶油里。通常杏仁粉和砂糖的比例为2：1。

杏仁奶油
crème d'amandes
杏仁奶油是指将黄油、砂糖、鸡蛋等加入杏仁粉中混合成奶油状，通常用在派或蛋挞里。

樱桃酒 kirsch
以樱桃为原料制作的蒸馏酒。

油封（腌渍）confit
法国料理的一种烹饪方法。将肉品、水果、蔬菜浸泡在油脂中低温烹制。有时也指用糖水浸泡水果。油封食品可以长期保存。

装饰食材 garniture
法语garniture是"填充物、内容物"的意思。指填充在派或蛋糕中的食材，以及在松软的蛋糕上涂的奶油等食材。

第 1 章

传统法式点心

◈

Pâtisserie traditinnelle française

什么是传统法式点心

说起法式点心，给人的印象是华丽美味。18世纪后期，法国大革命爆发，皇室贵族衰退，无处可去的糕点师和巧克力师在街上开起了店铺，发展至今便有了今天的法式点心。最具代表性的糕点师是曾就职于凡尔赛宫，路易十六时期的药剂师杜波夫。他们的店铺至今还在巴黎。

宫廷点心最初是在16世纪，由意大利传入的砂糖和点心技术发展而来的。点心在宫廷中代代相传，出现了很多有名的糕点师。例如，18世纪出现了天才糕点师安东尼·卡雷姆（Antoine Carême）、朱利安（Julien）兄弟、萨瓦兰（Savarin）等优秀的糕点师，他们创作的点心至今仍在流传。此外，基督教对法式点心的贡献也是不得不提的，如国王饼（Galette des Rois）和圣诞劈柴蛋糕（Buche de Noel）等。另外，还有一些传承下来的地方点心，如香料蛋糕（P48）、萨瓦蛋糕（P30）。这些都被称为传统的法式点心，它们拥有超越时代的味道，蕴含温馨浪漫的故事，受到不同时代的人们的喜爱。

L'hsitoire de la pâtisserie traditinnelle française

传统法式点心的故事

每个传统法式点心都有自己的趣闻和独特的背景。
了解这些后，便会对这些法式点心更加熟悉和喜欢。

玛德琳蛋糕
Madeleine

>>P18

◈ 从女仆点心发展而来

18世纪，洛林公国的统治者斯坦尼斯瓦斯·莱什琴斯基（Stanistaw Leszczyński）公爵举行宴会时，由于糕点师不在，让一位女仆做了些点心。点心出乎意料的好吃，所以公爵以女仆的名字玛德琳给这款点心命名。之后，点心的配方被其他糕点师买去，这款点心得以流传至今。

修女蛋糕
Visitandine

>>P20

◈ 像花朵一样独特的形状

据说是由洛林地区圣玛丽修道院的修女发明制作的，特征是其独特的花朵形状。在1890年的文献中就出现了这款点心的名字。这款点心使用蛋清，经济而美味，所以广受欢迎，后来在法国北部的南锡变得非常流行。其制作方法和配料与费南雪*相似。

闪电泡芙（巧克力＆柠檬）
Éclair

>>P22

◈ 是意大利人发明的?！

闪电是法语éclair的直译。用其命名意思是要趁着奶油未溢出时，像闪电一样快速吃掉。巧克力和摩卡味的闪电泡芙是主流，但现在有各种各样的口味，样式也不同。据说闪电泡芙是一位意大利人发明制作的。

---

* 费南雪（Financier），法语是"有钱人""金融家"的意思，这款点心是一种梯形小蛋糕，酷似金条。

可露丽
Cannelé de Bordeaux

>>P25

◈ 在修道院诞生的点心

据说是18世纪的波尔多修道院发明制作的。当时是将薄面饼卷起来并用猪油炸，但是进入19世纪后，添加了玉米粉，此后，玉米粉代替了小麦粉。可露丽现在是用铜制的槽状模具制作。

波尔卡
Polka

>>P26

◈ 以东欧的热潮命名

在19世纪的法国，许多点心的名字都以当时流行的戏剧和音乐名称命名。这种习惯在当时的东欧特别流行。波尔卡是使用硬化的奶油制作的点心，以捷克传统舞蹈Polka命名，这也让这款点心大卖。

眼镜饼干
Lunettes

>>P29

◈ 仔细看会觉得是眼镜的形状

以此命名是因为它有两个孔，看起来很像眼镜。本身是酥饼，用黄油制作而成，吃起来像沙子一样很容易松散，这也是该款点心的主要特点。

萨瓦蛋糕
Biscuit de Savoie

>>P30

◈ 城堡形状

关于这种点心的由来有各种各样的说法。最常见的一种说法，是统治萨瓦地区的萨瓦伯爵阿梅德六世或阿梅德八世在城堡中招待神圣的罗马帝国皇帝用餐时，为了提高自己的地位，讨好皇帝，特地准备了这款点心。传说这款点心的外形是他引以为傲的城堡。

吉涅司
Pain de Gênes

>>P32

◈ 浓郁的杏仁味

19世纪，巴黎圣霍诺尔（Saint-Honor'e）糕点店的学徒使用杏仁粉制作成点心。后来他成为糕点师傅后改良了这款点心，并将其命名为吉涅司。

Madeleine
玛德琳蛋糕

享受米粉特有的酥脆质感!
柠檬的风味令人清爽,还有香气扑鼻的大豆粉。

配料

(5厘米 ×8厘米的大号玛德琳模具12个)

鸡蛋…2个

白砂糖…80克

盐…少许

柠檬皮碎…1个柠檬的量

A 米粉…80克

　大豆粉…10克

　*如果没有大豆粉,可以增加米粉用量。

　发酵粉…3克

香草精…适量

黄油…90克

蜂蜜…10克

准备工作

● 将黄油从冰箱中取出,使其恢复到
室温自然软化。

● 在模具上涂抹黄油(配料外),撒
一层米粉(配料外),撒完抖落多
余的米粉,然后放入冰箱冷藏。

　*烘烤时,面糊会膨胀到凹槽外,因此
要在凹槽周围涂抹黄油,这样方便将面
糊从模具上剥离。

● 将烤箱预热至220℃。

制作方法

1 将黄油和蜂蜜放在小锅中,加
热使黄油融化。

2 将鸡蛋打入盆中,用打蛋器打
散。向盆中分两次加入白砂糖,
每次加入后搅拌均匀。然后向盆
中加入盐、柠檬皮碎和**A**料,搅
拌混合均匀。

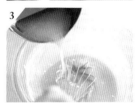

3 往盆中倒入冷却至40℃左右的
黄油蜂蜜,并放入香草精,搅
拌混合均匀。用保鲜膜封好,
在阴凉处放置至少30分钟。

4 将面糊倒入装有裱花嘴的裱花
袋中,挤压到模具中,九分满即
可。然后放入预热至220℃的烤
箱中烘烤8分钟,将烤箱温度降
至200℃再烘烤6 ～ 7分钟。

◈ 要点

一般玛德琳蛋糕的配料是需要过筛的,主要因
为小麦粉细腻且容易结块。但米粉比较干爽,
因此,用其做配料制作玛德琳蛋糕时不需要过
筛。另外,制作方法步骤**3**中,通常使用含有
麸质的面粉时,需要放置3小时以上,但是使
用不含麸质的米粉或大豆粉时稍微放置一会儿
就可以了。

Visitandine
修女蛋糕

富含杏仁和蛋清的面皮配上烤焦的黄油十分可口。
与费南雪面皮基本相同，只是烘焙模具不同。

配料

（直径约6厘米的大号修女蛋糕模具12个）

蛋清…125克

白砂糖…150克

A 米粉…70克

    杏仁粉…60克

黄油…100克

香草精…适量

准备工作

- 将黄油和蛋清从冰箱中取出，使其恢复到室温。
- 在模具上涂抹黄油（配料外），撒一层米粉（配料外），撒完抖落多余的米粉，然后放入冰箱冷藏。

  ＊烘焙时，面糊会膨胀到凹槽外，因此要在凹槽周围涂抹黄油，这样方便将面糊从模具上剥离。
- 将**A**料过筛后混合。
- 将烤箱预热至200℃。

制作方法

1 将黄油放在小锅中加热，融化后用打蛋器搅拌，直到变为淡棕色。

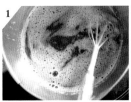

2 将蛋清放入盆中，用打蛋器打散，加入白砂糖并混匀。

3 向盆中加入**A**料并混匀，然后将散热后的黄油和香草精加进盆中并混匀。

4 将盆中面糊倒入装有裱花嘴的裱花袋中，挤压到模具中，九分满即可。然后放入预热至200℃的烤箱中烘烤15分钟。

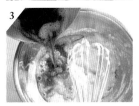

◈ 要点

米粉干爽松散，用其制作点心时可以不用过筛，因此制作这款修女蛋糕时可以不进行这项操作。注意不要将黄油烤焦。

巧克力泡芙

柠檬泡芙

Éclair
闪电泡芙（巧克力 & 柠檬）

泡芙皮和里面的奶油酱都是用米粉制成的，口感轻滑。

配料

（10个的用量，巧克力和柠檬味各5个）

泡芙皮（10个的用量）

黄油…50克

牛奶…60克

水…60克

盐…2克

米粉…65克

鸡蛋…2个

巧克力奶油酱（5个的用量）

蛋黄…2个

白砂糖…60克

米粉…30克

牛奶…250克

香草精…适量

巧克力…30克

巧克力膏（5个的用量）

鲜奶油…50克

巧克力…100克

色拉油…1大匙

柠檬奶油酱（5个的用量）

蛋黄…2个

白砂糖…70克

米粉…30克

牛奶…200克

柠檬汁…48克

柠檬皮碎…半个柠檬的量

柠檬膏（5个的用量）

糖粉…80克

柠檬汁…约15克

准备工作

● 将泡芙皮配料中的黄油切成丁。

● 将奶油酱配料中的牛奶从冰箱中取出，恢复至室温后加热直至沸腾。

● 将奶油酱配料中的米粉过筛。

● 将巧克力切碎。

● 将烤箱预热至200℃。

制作方法

1 泡芙皮制作见P24。将面糊倒入装有口径1.5厘米裱花嘴的裱花袋中。烤盘铺上烘焙纸，然后在上面挤出2厘米粗、10～12厘米长的条形。

2 叉子前端沾上水，垂直在条形面团上划线状花纹。然后放入预热至200℃的烤箱中，烘烤25分钟。
*用叉子划线时稍微用力按压，能使面团在烘焙时表面不会过分膨胀。

【巧克力】

3 制作巧克力奶油酱。参照P24制作好卡仕达酱，关火趁热加入巧克力，用打蛋器搅拌混匀。然后倒入碗中，用冰水冷却，并不断搅拌。

4 制作巧克力膏。将鲜奶油放入小锅中煮沸，加入巧克力，用打蛋器混合均匀，加入色拉油再次搅拌均匀。

【柠檬】

5 制作柠檬奶油酱。将蛋黄放入小锅中，用打蛋器打散，加入白砂糖搅拌均匀。然后加入米粉混匀。再加入牛奶、柠檬汁和柠檬皮碎并加热，在加热过程中不断搅拌直到形成奶油酱（开始为中火，然后用小火）。做好后将其倒入碗中冷却。

6 制作柠檬膏。将糖粉放入碗中，边加柠檬汁边搅拌混匀。将其涂抹在闪电泡芙表面后会变硬。

7 烤好的泡芙皮完全冷却后，用裱花嘴的前端在泡芙皮平的一面打两个孔。用装有口径约5毫米裱花嘴的裱花袋将奶油酱从孔处挤入泡芙中。

8 用勺子在泡芙有孔的平的一面涂上巧克力膏或柠檬膏。将柠檬汁洒在表面，并根据个人喜好撒上柠檬皮碎。

pâte à choux
泡芙皮

配料

（成品量约300克/P22闪电泡芙10
个的量或P26波尔卡1个的量）

黄油…50克
牛奶…60克
水…60克
盐…2克
米粉…65克
鸡蛋…2个

准备工作

● 将黄油切成丁。

制作方法

❶ 将黄油、牛奶、水和盐放入锅中，
煮沸后从火上移开锅，立即加入
米粉，并用木铲混合。

＊将黄油切成丁是为了避免水在黄油融
化前就被蒸干。

❷ 再次用偏弱的中火加热，用木铲
持续搅拌，将水分蒸干，同时注
意不要烤焦。

❸ 将❷的食材转移到食品加工机容器
中，然后分3次加入鸡蛋和水的混
匀液，每次加入后都要搅拌均匀。

❹ 用木铲铲起面糊不散，向下撒面
糊能缓慢下落，说明面糊软硬度
合适。

＊根据面糊的软硬度状态，判断是否需要
使用全部鸡蛋。

---

crème pâtissière
卡仕达酱

配料 （成品量约350克）

蛋黄…2个
白砂糖…60克
米粉…30克
牛奶…250克
香草精…适量

准备工作

● 将牛奶从冰箱中取出，待恢
复到室温后，加热至沸腾
为止。
● 将米粉过筛。

制作方法

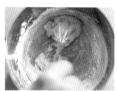

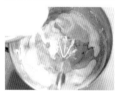

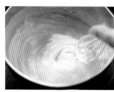

❶ 将蛋黄和白砂糖放在小锅中，用
打蛋器充分混匀。加入过筛的米
粉搅拌混合。

❷ 混合差不多时，加入一半的温牛
奶搅拌混合，然后加入剩余的牛
奶和香草精并混合均匀。

❸ 先用大火快速使温度升高，当液
体变热时，用小火加热。在加热
过程中，用木铲不断搅拌。

＊为了不烧煳，可以不断将锅从火上移开
以调整温度。

❹ 搅拌至面糊出现拉痕时，将其从
火上移开。

Cannelé de Bordeaux

可露丽

可露丽具有独特的口感。如果用米粉
制作，外层更酥脆，里面更软糯。

配料

(直径5厘米、高5厘米的可露丽模具5个)

牛奶…250克

黄油…13克

白砂糖…120克

香草荚…1/2根

鸡蛋…1个

米粉…75克

朗姆酒…1大匙

准备工作

● 在模具上涂一层薄薄的色拉油
（配料外），然后将其倒扣在烘焙
纸上约30分钟，控掉多余的油分。

● 将烤箱预热至200℃。

制作方法

1 将牛奶、黄油、带籽的香草荚，
以及一半的白砂糖（60克）放入
锅中加热。

2 将鸡蛋打入盆中，加入剩下的白
砂糖搅拌。

3 将米粉加到步骤**2**的盆中并用打
蛋器搅拌混合，将步骤**1**的材料
过滤后加入搅拌混合。之后加入
朗姆酒，搅拌均匀并静置约30
分钟。

4 面糊静置后底部容易产生沉淀，
因此须轻轻搅拌再倒入模具中。
然后放入预热至200℃的烤箱中，
烘烤70分钟。

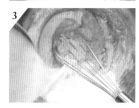

25

Polka

波尔卡

现在人们不再制作波尔卡这种点心了，
但它也是人们代代传承下来的糕点。

烙铁

配料（直径18厘米的圆形模具）

起酥面皮
黄油…50克
米粉…100克
盐…少许
白砂糖…7克
鸡蛋…28～30克

泡芙皮
黄油…50克
牛奶…60克
水…60克
盐…2克
米粉…65克
鸡蛋…2个
蛋黄…适量

奶油酱
蛋黄…2个
白砂糖…60克
米粉…30克
牛奶…250克
香草精…适量

制作方法

1 起酥面皮制作见P28。将保鲜膜盖在面团上，用擀面杖擀成2毫米厚的面饼，再使用圆形模具将其切成直径18厘米的圆饼，并用叉子在上面戳孔。

2 泡芙皮制作见P24。将泡芙皮面糊倒入装有口径1.5厘米裱花嘴的裱花袋中，并沿着圆饼的边缘挤一圈。

3 用刷子将水溶蛋黄涂在泡芙皮面糊上，并在预热至200℃的烤箱中烘烤18分钟。

4 将做好的奶油酱（P24）倒入碗中，用冰水冷却，并不断搅拌。

5 在烤好的泡芙皮内侧填上奶油酱，并在冰箱中冷却至少1小时。之后将白砂糖（配料外）撒在表面，用预热好的烙铁压在白砂糖上直到颜色呈现焦糖色。

*烙铁上沾的白砂糖，放在火上烤会炭化自然掉落。

准备工作

- 将起酥面皮配料中的黄油切成1厘米见方的小块。
- 将起酥面皮的全部配料（切碎的黄油）保存在冰箱中。
- 将泡芙皮配料中的黄油切成丁。
- 将奶油酱配料中的牛奶从冰箱中取出，恢复至室温后加热至沸腾为止。
- 将奶油酱配料中的米粉过筛。
- 将烤箱预热至200℃。
- 蛋黄加少量水（配料外）并打散。
- 烙铁使用前加热至少10分钟。

pâte brisée

起酥面皮

配料

（成品量约190克/直径18厘米的塔形模具）

黄油…50克
米粉…100克
盐…少许
白砂糖…7克
鸡蛋…28 ～ 30克

准备工作

- 将黄油切成1厘米见方的小块。
- 将所有配料（切碎的黄油）保存在冰箱中。
- 鸡蛋加水并打散。

[方便的平底盆]
用切面刀切黄油时，平底盆比较方便。

制作起酥面皮

❶ 将黄油、米粉、盐和白砂糖放入盆中，搅拌混合，并用切面刀将黄油切碎。

❷ 黄油大约被切到红豆粒大小时，用手揉搓混合的面粉和黄油，使黄油更细碎。

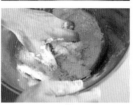

❸ 加入鸡蛋混合揉匀。揉成面团后将其整成圆形。

铺酥皮

❹ 将保鲜膜盖在面团上。用擀面杖擀成2毫米厚的面饼。在冰箱中静置30 ～ 60分钟，至面饼硬到可以挺在模具上为止。

❺ 将面饼慢慢按入模具中。沿模具内侧按压，要按到模具底部，面饼不必紧贴模具，可以稍微留出一些空间。

当铺在较大的模具上时请参考P74❹ ～ ❽。

Lunettes
眼镜饼干

用米粉做成的饼干在与富含水分的东西碰到一起时很容易受潮，因此请在食用前再涂果酱。

配料

（长轴9厘米、短轴5厘米的椭圆形模具
5～6个）

A 米粉…100克

　黄油…66克

　糖粉…66克

　盐…少许

　柠檬皮碎…半个柠檬的量

蛋黄…30克

调味果酱和其他喜欢的果酱…适量

糖粉…适量

准备工作

- 将黄油切成1厘米见方的小块，然后放入冰箱冷藏。
- 将糖粉过筛。
- 将烤箱预热至180℃。

制作方法

1 将**A**料放入盆中，用切面刀将黄油切成约3毫米的小块。黄油变细碎后，用手揉搓混合。

2 加入蛋黄混合，揉成面团。揉好后放在烘焙纸上，盖上保鲜膜，用擀面杖擀成3毫米厚的面饼，然后放入冰箱冷却1～2小时，达到可以用模具做出形状的硬度，再将其取出。

3 用模具做出形状。眼镜饼干由两片组合而成，其中一片用口径1厘米裱花嘴前端打两个孔。之后在预热至180℃的烤箱中烘烤10分钟。

4 冷却后，将果酱涂在没有孔的一片上，和打孔的一片一起夹住果酱，然后用滤茶网撒上糖粉。

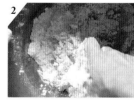

Biscuit de Savoie

萨瓦蛋糕

烤好后，蛋糕会膨胀，但随着时间流逝会逐渐恢复。
萨瓦蛋糕是质地柔软的美味点心。

配料

（直径13厘米、容量500毫升的模具）

蛋清…2个
白砂糖…60克
蛋黄…2个
A 米粉…45克
　　玉米淀粉…10克
糖粉…适量

准备工作

- 在模具上涂抹黄油（配料外），
  撒一层米粉（配料外），撒完抖
  落多余的米粉。
- 将**A**料过筛后混合。
- 将烤箱预热至180℃。

制作方法

1 将蛋清倒入盆中，用打蛋器打
　散。将白砂糖分3～4次加入，
　每次加入后搅拌。白砂糖全部加
　入后充分搅拌打发，直到蛋白非
　常稠密，形成硬性发泡，能够粘
　在打蛋器上。

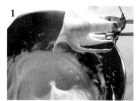

2 加入蛋黄用橡胶铲搅拌，然后加
　入过筛的**A**料。用橡胶铲从外向
　内搅拌，以免压碎蛋白霜的泡泡。
　＊如果使用薄的橡胶铲，则不易压碎
　泡泡。

3 将面糊倒入模具至九分满，在
　桌子上蹾一蹾，以除去里面的空
　气，然后在预热至180℃的烤箱
　中烘烤25分钟。烤好散热后，将
　蛋糕从模具中取出，并用滤茶网
　撒上糖粉。

✦ 要点

吃起来感觉质地是否柔软的决定因
素是蛋白霜。当用少量的蛋清打泡
时，请在使用前将蛋清保存在凉爽
环境下，这样才容易打出泡来。

Pain de Gênes

吉涅司

因为加入了杏仁膏，所以杏仁的味道十足。有一个窍门，就是用手混合杏仁膏会使点心更好吃。

配料（直径18厘米的蛋挞模具1个）

鸡蛋…2个
杏仁膏…110克
白砂糖…20克
朗姆酒…1大匙
米粉…10克
黄油…36克
杏仁片…适量

准备工作

● 将黄油（配料外）涂抹在模具上，并撒上杏仁片。
● 将米粉过筛。
● 将烤箱预热至200℃。

制作方法

1 将黄油放入小锅中，加热使其融化。

2 将鸡蛋、杏仁膏和白砂糖放入盆中，用手混合的同时压碎杏仁膏。当杏仁膏变得很细，整体看上去光滑时，用打蛋器打泡。直到提起打蛋器可以画出清晰的纹路就可以了。

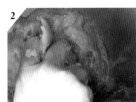

3 向小锅中依次添加朗姆酒和米粉，用橡胶铲混合，同时添加冷却至40℃左右的黄油。

4 将面糊倒入模具中，在预热至200℃的烤箱中烘烤10分钟，然后将烤箱温度降至180℃再烘烤8分钟。烤好散热后将吉涅司从模具中取出，用滤茶网撒上糖粉（配料外）。

配料说明
[杏仁膏]
由杏仁和糖碾碎后制成。

第 2 章

法式地方点心

Pâtisserie régionale
française

Voyage de la pâtisserie traditinnelle française

法式点心纪行

法国各地流传着许多烘焙点心，这些点心都叙述着法国各地古老的故事，
了解了这些故事，点心会变得更加美味。

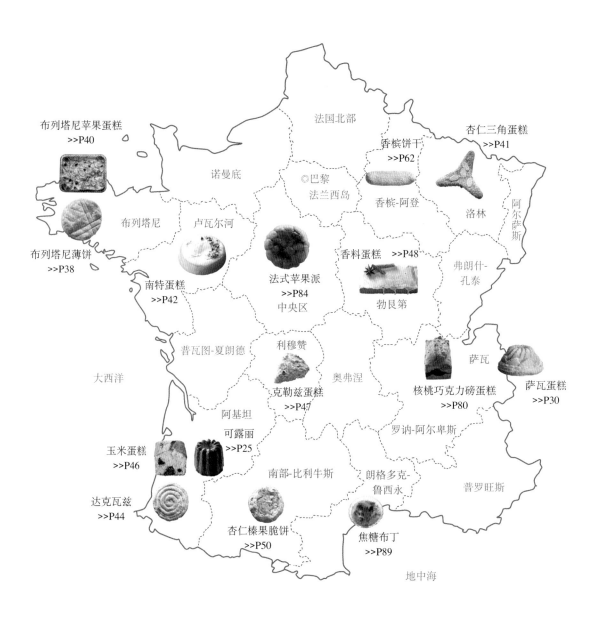

* 本书出现的主要地方点心的地方名称，可能与当前的法国行政区划有所不同。

各种各样的法式地方点心

　　如果您去法国各地，会发现很多巴黎没有的朴素而美味的点心。这些点心诞生于当地，因为广受好评而流传至今。每一款地方点心都代表着当地的文化和历史。

　　法国点心的起源分为几类。最典型的是用当地农产品制作的点心。例如，在以苹果闻名的诺曼底大区诞生了苹果点心；以黄油闻名的布列塔尼大区诞生了布列塔尼薄饼（P38）。由于战争和侵略，或是与国外人士通婚，还带来了一些其他点心。曾被德国占领的阿尔萨斯，就出现了芝士蛋挞；阿拉伯国家军队入侵法国西南部时，阿拉伯人使用薄面饼制作的点心传入了法国西南部；勃艮第大区的香料蛋糕（P48）是由佛兰德斯公主嫁入时带来的。此外，在法国大革命结束后，修道院的点心问世。其中包括洛林大区南锡市的马卡龙、利穆赞大区的克勒兹蛋糕（P47）和阿基坦大区波尔多市的可露丽（P25）等。当然也有具有基督教背景的点心。12月6日，阿尔萨斯-洛林大区在庆祝圣·尼古拉斯日时会吃饼干系的点心。在普罗旺斯，圣诞节时会准备13种点心。

Bretagne
布列塔尼大区

因为布列塔尼大区的土地贫瘠，无法种植小麦，食材非常少，所以人们开始制作从阿拉伯国家传入的可丽饼。进入19世纪，随着铁路的修建和化肥的使用，布列塔尼地区可以种植小麦，当地的人们开始用小麦面粉制作点心。同时，乳酪业也得到发展。使用乳制品制作的布列塔尼薄饼和布列塔尼蛋糕也在当地出现。布列塔尼生产的黄油通常是咸黄油。富含矿物质的盖朗德盐与黄油混合在一起制成点心和菜肴。另外，虽然用荞麦做的可丽饼也被称为薄饼，但薄饼通常是指扁平的圆形食物。

布列塔尼薄饼
>>P38

布列塔尼苹果蛋糕
>>P40

Lorraine
洛林大区

洛林大区是18世纪法国宫廷所在的地区，当时的宫廷发明设计了许多点心。另外在洛林大区的村庄中，也有一些因形式和故事独特而隐秘流传下来的点心。其中之一就是杏仁三角蛋糕。杏仁三角蛋糕起源于洛林大区的一个村庄。最初是基于高卢人宗教背景制成的点心，据说是在仪式上食用的，后来又供修道院中的高级修女食用，所以制作方法才会流传至今。

杏仁三角蛋糕
>>P41

Aquitaine
阿基坦大区

大航海时代，由南美洲大陆带回西班牙的食物之一——玉米，没过多久就传到了与西班牙接壤的阿基坦大区。至今这里仍在种植玉米，是用于制作法国料理鹅肝的鹅的主要饲料。说到鹅肝，据说在古希腊，鹅的主要饲料是无花果。玉米和无花果这两种食材都被用于制作玉米蛋糕。另外，以温泉闻名的阿基坦大区，有一个叫达克瓦兹的小镇。地道的达克瓦兹点心是很大的圆形糕点，日本的小椭圆形达克瓦兹是日本人设想的形状，在法国并不存在。

玉米蛋糕
>>P46

达克瓦兹
>>P44

Limousin
利穆赞大区

说到利穆赞地方特色点心，以樱桃为主要原料制作的克拉芙缇是最有名的，可能是因为这里盛产樱桃。在利穆赞大区，虽然除了克拉芙缇外没有其他可值得称赞的点心，但1696年，在克勒兹省的一个村庄的修道院发现了14世纪制作点心的配方。这就是后来被称为克勒兹蛋糕的点心。食谱上写着 "Cuit en tuile creus"（在瓦片的凹槽处烘焙），因此这种点心被称为 "creusois"（克勒兹蛋糕）。

克勒兹蛋糕
>>P47

Bourgogne
勃艮第大区

说到勃艮第，不禁使人想起葡萄酒配夏洛莱牛肉和芥末等这些美食，但是该地区也有其他国家传入的点心。14世纪，当时该地区还属于勃艮第公国，并且实力日益强大。从属国佛兰德斯嫁来了一位公主，带来了香料蛋糕这种点心。香料蛋糕其实起源于中国，经过各种途径传播，最后通过婚姻被带到法国。有一家专门经营香料蛋糕的店铺，每次路过这家店总会让人遥想当时首都第戎的繁华。

香料蛋糕
>>P48

Midi-Pyrénées
南部-比利牛斯大区
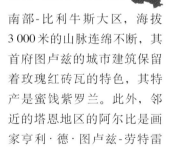

南部-比利牛斯大区，海拔3 000米的山脉连绵不断，其首府图卢兹的城市建筑保留着玫瑰红砖瓦的特色，其特产是蜜饯紫罗兰。此外，邻近的塔恩地区的阿尔比是画家亨利·德·图卢兹-劳特雷克的出生地。阿尔比古城的中世纪石街令人印象深刻，这里也有一些点心流传下来。其中就有一种叫作Croquants的点心。法语croquants的意思是"松脆"，是一种含有杏仁和榛子、味道可口的点心。

杏仁榛果脆饼
>>P50

Pays-de-la-Loire
卢瓦尔河大区

被称为"法国花园"的卢瓦尔河流域，自16世纪以来建造了许多城堡供贵族们享受音乐、文学和狩猎。位于卢瓦尔河口的城市是南特。南特与国外的贸易一度蓬勃发展，许多朗姆酒在这里交易。用朗姆酒做成的点心被称为南特蛋糕。

南特蛋糕
>>P42

Galette bretonne
布列塔尼薄饼

布列塔尼大区

布列塔尼薄饼是一种富含大量黄油、口感醇厚的点心。
质地酥脆，用米粉做成后更加酥脆。

配料（直径6厘米，约12个的量）

黄油…120克

A 米粉…100克
　　糖粉…68克
　　荞麦粉…30克
　　杏仁粉…24克
　　发酵粉…1克
　　盐…2克
鸡蛋…30克

涂抹用鸡蛋
蛋黄…少量

准备工作

● 将**A**料过筛后混合放入碗中，冷藏。
● 将黄油切成小块，冷藏。
● 蛋黄加少量水（配料内）并打散。
● 将烤箱预热至180℃。

制作方法

1 将黄油和过筛的**A**料放入盆中。用切面刀将黄油切碎。

2 当黄油被切成红豆粒大小时，用手指将面粉和黄油揉搓混合以使其更细腻。

3 加入鸡蛋，揉成面团。揉好后放在烘焙纸上，用保鲜膜覆盖。用擀面杖擀成5毫米厚的面饼，然后放在冰箱中冷藏1～2小时，直到面饼变硬挺。

4 用直径6厘米的模具将面饼切成圆形。
* 如果没有模具，请将其切成直径6厘米的圆饼。

5 将面饼并排放置在铺着烘焙纸的烤盘上，用刷子在面饼上刷水溶蛋黄，并用刀在面饼背面划线。在预热至180℃的烤箱中烘烤15分钟。

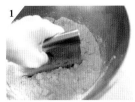

◈ 要点

制作方法步骤**1**中使用的盆，最好是P28中提到的平底盆，因为需要边切黄油边混合。如果没有平底盆，可以使用平底锅。

Far Breton

布列塔尼苹果蛋糕

布列塔尼蛋糕的经典口味是梅子味的，但布列塔尼大区常用的是本地特产的苹果。

布列塔尼大区

配料

(23厘米×12厘米的耐热玻璃模具，1个)

鸡蛋…2个

白砂糖…45克

米粉…65克

牛奶…180克

鲜奶油…60克

香草精…适量

苹果…1个

葡萄干…2大匙

黄油…20克

准备工作

● 在模具上涂一层薄薄的黄油（配料外）。

● 将烤箱预热至200℃。

制作方法

1 将鸡蛋打入盆中，用打蛋器打散，加入白砂糖，搅拌均匀。

2 将米粉用筛子筛入盛有拌匀的鸡蛋和白砂糖的盆中，并轻轻混合。

3 在锅中加热牛奶和鲜奶油，并加入香草精。将其分两次加入步骤2的盆中，每次加入后用打蛋器搅拌混合均匀。

4 将苹果切成1厘米厚的三角形，然后排列在模具中。把步骤3中的材料慢慢倒入模具中，撒一些葡萄干，最后将碎黄油随意撒在上面。完成后在预热至200℃的烤箱中烘烤20分钟。

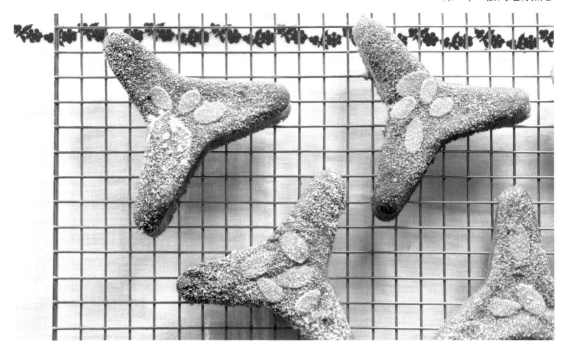

Loriquette
杏仁三角蛋糕

其特征为独特的三角形状。杏仁的香气和润滑的口感令人无法抗拒。

洛林大区

配料

（长 10 厘米的大型杏仁三角蛋糕模具 10 个或直径 7 厘米的铝制菊花形模具 7 个）

蛋清…65 克
糖粉…75 克
蜂蜜…10 克
果仁酱（P61）…16 克
杏仁粉…150 克
米粉…25 克

蛋白霜
蛋清…126 克
白砂糖…75 克

装饰
杏仁片…适量
糖粉…适量

准备工作

● 将黄油（配料外）涂在模具上。
● 将烤箱预热至 180℃。

制作方法

1 将 65 克蛋清放入盆中，用打蛋器打散，依次加入糖粉、蜂蜜、果仁酱、杏仁粉和米粉，用橡胶铲充分搅拌混合。

2 将 126 克蛋清放入另一个盆中，用打蛋器打散，分 3 ～ 4 次加入白砂糖，每次加入后充分搅拌，直到蛋白霜拉起时出现直立短小尖角的状态。

3 在面糊中加入 1/3 蛋白霜，用橡胶铲混合直到面糊变光滑，再分 2 次加入剩余的蛋白霜，混合均匀，注意不要破坏泡泡。

4 将模具放在烤盘的烘焙纸上。用装有口径 1.5 厘米裱花嘴的裱花袋将面糊挤压到模具中，撒上杏仁片。在预热至 180℃ 的烤箱中烘烤 15 分钟。去除余热后，从模具中取出，用滤茶网撒上糖粉。

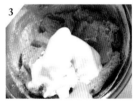

Gâteau nantais
南特蛋糕

富含朗姆酒的成人点心。
不使用小麦粉，全部使用米粉制作。

卢瓦尔河大区

配料（直径10厘米的蛋挞模具，4个）

南特面糊
黄油…50克
白砂糖…60克
鸡蛋…2个
A 杏仁粉…40克
　 米粉…40克
盐…少许
朗姆酒…15克
柠檬汁…20克

朗姆糖霜淋面
糖粉…80克
朗姆酒…8克
水…约8克

准备工作

● 将黄油从冰箱中取出，恢复到
　 室温。
● 鸡蛋加水并打散。
● 在模具上涂抹黄油（配料外），撒
　 一层米粉（配料外），撒完抖落多
　 余的米粉，然后放入冰箱冷藏。
● 将烤箱预热至170℃。

制作方法

1 制作南特面糊。在盆中加入黄
　 油，分3次加入白砂糖，用木铲
　 混合。分3次加入鸡蛋，每次加
　 入后充分混合。将**A**料（杏仁粉
　 和米粉）用筛子筛入盆中，并用
　 橡胶铲充分混合。加入盐、朗姆
　 酒和柠檬汁混合。

2 将面糊放入模具中，并在预热
　 至170℃的烤箱中烘烤25分钟。

3 散去余热后，将蛋糕坯从模具
　 中取出，切掉膨胀的顶部，然后
　 在上面涂抹柠檬汁。将蛋糕坯翻
　 过来再次涂抹柠檬汁。

4 制作朗姆糖霜淋面。将糖粉放
　 入碗中，然后一点一点加入朗姆
　 酒和水。将其淋在蛋糕坯表面会
　 变硬。

5 蛋糕坯冷却后，在顶部淋上朗姆
　 糖霜淋面，于100℃的烤箱中干
　 燥8分钟。可以根据喜好，用干
　 燥的花朵或银箔装饰（配料外）。

◆ 要点
制作方法步骤**1**，让面糊乳化是关键步
骤。因此，黄油恢复到室温时要尽可能
让其变软，此外鸡蛋温度与人体温度相
同时，加入后面糊更容易乳化。

Dacquoise
达克瓦兹

阿基坦大区

达克瓦兹是一种圆形大蛋糕。
入口即化的达克瓦兹，与浓厚的焦糖奶油十分相配。

配料（直径18厘米的圆形模具）

达克瓦兹面糊

蛋清…4个

白砂糖…50克

A 杏仁粉…72克
　　糖粉…72克
　　米粉…9克

糖粉…适量

焦糖奶油

白砂糖…60克

水…20克

鲜奶油…40克

黄油…90克

装饰

朗姆酒渍的葡萄干…3大匙

*用热水泡发葡萄干，擦干水分，放入瓶中。倒入朗姆酒，没过葡萄干，浸泡半天以上。

糖粉…适量

准备工作

- 将**A**料过筛后混合。
- 将鲜奶油恢复至室温。
- 在烘焙纸上画直径18厘米的圆圈。这样的烘焙纸准备两个。
- 将烤箱预热至200℃。

制作方法

1 制作达克瓦兹面糊。将蛋清放入盆中，用打蛋器打散。分3次加入白砂糖，每次加入后充分搅拌，直到蛋白霜拉起时出现直立短小尖角的状态。

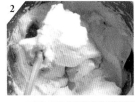

2 将过筛的**A**料分2次加入盆中，用橡胶铲从外向内混匀，注意不要压碎泡泡。
*如果使用橡胶铲，要选用薄一点的，可以避免压碎泡泡。

3 将面糊倒入装有口径1.5厘米裱花嘴的裱花袋中，按照烘焙纸上的图案螺旋状画圆，做2个。

4 将烘焙纸和面糊放在烤盘上，用滤茶网往面糊表面撒上粉糖，静置2分钟后再撒一遍。然后在预热至200℃的烤箱中烘烤15分钟。

5 制作焦糖奶油。用水打湿锅底，加入白砂糖并加热。当白砂糖呈褐色时，从火上移开锅，一点一点加入鲜奶油并混合。再将锅放在火上加热，直到液体变得光滑，再从火上移开锅，一点一点加入黄油，用木铲混合。最后将做好的焦糖奶油转移到碗中，用冰水边冷却边调节硬度。

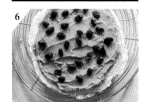

6 组合。用抹刀在烤好的达克瓦兹蛋糕坯的底面涂上焦糖奶油，并撒上朗姆酒渍的葡萄干。将另一个达克瓦兹蛋糕坯盖在上面。最后用滤茶网撒上糖粉。

Gâteau maïs
玉米蛋糕

玉米和米粉一起做蛋糕口感更朴素，和干果也十分相配。

阿基坦大区

配料
(18厘米×6厘米×8厘米长形模具1个)

鸡蛋…2个
白砂糖…70克
A 米粉…80克
　　玉米粉…60克
　　发酵粉…2克
无花果干…3～4个
李子干…4～5个
黄油…80克
蜂蜜…20克

准备工作
● 将李子干和无花果干切成1厘米见方的小块。
● 将烘焙纸铺在模具上。
● 将烤箱预热至170℃。

制作方法

1 将黄油和蜂蜜放入小锅中加热。

2 将鸡蛋放入盆中，用打蛋器打散，加入白砂糖后再次搅拌，同时将盆放入热水中。当盆的温度变得比人体温度稍高一点时，将盆从热水中取出并进一步搅拌起泡。直到提起打蛋器可以画出日文的"の"。

3 将**A**料用筛子筛入盆中，同时用橡胶铲搅拌混合，然后加入无花果干和李子干，再次搅拌混合。

4 将小锅中的黄油和蜂蜜倒入盆中拌匀，然后把面糊倒入模具中。放入预热至170℃的烤箱中烘烤50分钟。

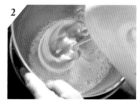

Le creusois

克勒兹蛋糕

这款点心可以让您享受浓郁的榛子味，同时这也是一款可以用简单的配料制成的烘焙点心。

利穆赞大区

配料（直径18厘米的蛋挞模具1个）

黄油…60克

白砂糖…100克

蛋清…75克

A 榛子粉…50克

　　米粉…60克

榛子…适量

准备工作

● 将黄油从冰箱中取出，恢复到室温。

● 将**A**料过筛后混合。

● 在模具上涂抹黄油（配料外），撒一层米粉（配料外），撒完抖落多余的米粉，然后放入冰箱冷藏。

● 将榛子粗切。

● 将烤箱预热至200℃。

制作方法

1 将黄油放入盆中，分2～3次加入一半的白砂糖（50克），然后搅拌混匀。

2 将蛋清放入另一个盆中，用打蛋器打散，将剩余的50克白砂糖分3次加入，每次加入后搅拌混匀。直到蛋白霜拉起时出现直立短小尖角的状态。

3 在盛有黄油和白砂糖的盆中依次加入1/3蛋白霜、一半**A**料、剩余蛋白霜的一半、剩余的**A**料、剩余的蛋白霜，每次加入后用橡胶铲轻轻搅拌混匀，注意不要压碎泡泡。

4 将混匀的面糊倒入模具中，中心稍稍凹陷一些。把榛子撒在表面，并在预热至200℃的烤箱中烘烤20分钟。散去余热后从模具中取出，用滤茶网撒一层糖粉（配料外）。

3

4

◈ 要点

如果蛋白霜的温度较低，则很难与混匀的黄油和白砂糖混合，因此应在蛋清打发前将其从冰箱中取出放置一段时间，使其温度高一些。

Pain d'épices
香料蛋糕

简单单调的味道加入香料变得与众不同，
仿佛所有味道都聚集在口中。

勃艮第大区

配料
（15厘米×8厘米×5厘米的长形模具1个）

面糊
蜂蜜…120克
鸡蛋…30克
蔗糖…70克
＊如果没有蔗糖，可以用白砂糖代替。
黄油…30克
肉桂、肉豆蔻、丁香等喜欢的
　　香料…1小茶匙
橙皮…30克
柠檬皮…20克
A　米粉…70克
　　大豆粉…30克
　　＊如果没有大豆粉，则增加米粉的量。
　　发酵粉…5克

糖霜淋面
糖粉…60克
牛奶…15 ～ 20克

准备工作

● 将A料过筛后混合。
● 将橙皮和柠檬皮切碎。
● 在模具上铺上烘焙纸。
● 将烤箱预热至180℃。

制作方法

1 将黄油放在小锅中加热融化。
　　＊如果蜂蜜结晶了，此时可以一起加入
　　使其融化。

2 将蜂蜜、鸡蛋、蔗糖按顺序加
　　入到冷却至40℃左右的黄油和
　　蜂蜜中，每次加入后用打蛋器搅
　　拌均匀。

3 加入香料混合，再加入橙皮碎
　　和柠檬皮碎混合。

4 加入A料，用橡胶铲搅拌混匀。
　　然后倒入模具中，并在预热至
　　180℃的烤箱中烘烤约45分钟。

5 制作糖霜淋面。将糖粉放入碗
　　中，一点一点地添加牛奶并搅拌
　　混匀。将其淋在烤好的蛋糕坯表
　　面会变硬。

6 趁热将烤好的蛋糕坯从模具中
　　取出冷却，并淋上糖霜淋面。根
　　据喜好用肉桂条或八角（配料
　　外）装饰，然后在室温下等待糖
　　霜淋面干燥。

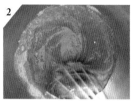

Croquants

杏仁榛果脆饼

一口脆，坚果的味道令人上瘾。

南部-比利牛斯大区

配料（直径9～10厘米，约20个）

蛋清…50克
白砂糖…200克
米粉…50克
杏仁…40克
榛子…40克
杏仁精…适量

准备工作

• 将杏仁和榛子粗切。
• 将烤箱预热至210℃。

制作方法

1 将蛋清放入盆中，用打蛋器打散，加入白砂糖，搅拌混匀。

2 加入米粉搅拌，再加入坚果和杏仁精，然后用橡胶铲搅拌混匀。

3 将烘焙纸铺在烤盘上，用勺子将面糊放在烘焙纸上，做成直径约5厘米的圆饼。

4 在预热至210℃的烤箱中烘烤8～10分钟。

配料说明

[杏仁精]
从杏仁中提取的精华，想增添杏仁味时可以使用。

第 3 章

下午茶点心

◈

Gâteaux pour
l'heure du thé

Gâteaux pour l'heure du thé

美好时光·下午茶点心

这里介绍细致优雅的下午茶点心。搭配红茶或咖啡，
一起享受法式点心带来的美好时光吧！

Montecao
肉桂小圆饼
>>P54

Diamants
钻石饼干
>>P54

Galette au Maquiberry
马奇果饼干
>>P55

Cookies aux noix et au chocolat
核桃巧克力饼干
>>P55

La Rose
玫瑰饼干
>>P58

Friand aux noisettes
榛果小蛋糕
>>P59

Succès
胜利夹心蛋糕
>>P60

Biscuits de champagne
香槟饼干
>>P62

Sablés aux raisins
葡萄干曲奇
>>P64

◈ 法国的下午茶点心

法国最悠闲的下午茶时光在周末。即使是什么都不做的巴黎人，也会和朋友或恋人在周日的午后，亲手准备一个蛋糕一起享受下午茶时光。但在从前，平民无权享受这种下午茶时光。18世纪法国大革命爆发，享受下午茶时光的贵族阶级衰败，而商人取代了他们。商人被称为资产阶级，开始模仿贵族阶级享受优雅的生活。资产阶级的女士们在男士不在时，一边吃着点心一边喝茶聊天，享受着下午茶时光。

◈ 下午茶时光想吃的点心

说到下午茶点心，推荐我在法国南部卢贝隆（Luberon）旅行时遇见的肉桂小圆饼（P54）。这个点心起源于阿拉伯国家，但现在在法国全境都可以找到。使用米粉制作时，口感甚至更加细腻。另外，南美洲产的马奇果含多酚和维生素，添加了马奇果的饼干（P55）不论外形如何，口感都差不多，是和咖啡非常相配的点心。香槟饼干（P62）搭配被誉为"红茶中的香槟"的大吉岭红茶会有不同的感觉。钻石饼干（P54）、葡萄干曲奇（P64）、胜利夹心蛋糕（P60）等是古典式的资产阶级的下午茶。另外，最近在巴黎，星巴克等美式咖啡也深受年轻人喜爱。这种美式咖啡和核桃巧克力饼干（P55），或是玫瑰状的玫瑰饼干（P58）非常相配。

好吃的低糖法式点心

肉桂小圆饼

钻石饼干

核桃巧克力饼干

马奇果饼干

好吃的低糖法式点心

Montecao
肉桂小圆饼

制作非常简单，就是将配料混合起来，这种点心质地松脆可口。

配料（直径3厘米，12个）

A 米粉…100克
　　发酵粉…5克
　　杏仁粉…13克
　　糖粉…30克
色拉油…75克
*还可以用橄榄油或白芝麻油。
香草精…少许
肉桂粉…适量

准备工作

● 将烤箱预热至230℃。

制作方法

1 将**A**料筛入盆中并搅拌混匀，加入色拉油和香草精并用手混匀。
　*根据面团的硬度调节用油量。

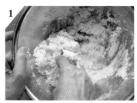

2 将面团滚成若干个直径3厘米的圆球。把烘焙纸铺在烤盘上。将圆球整齐放在烘焙纸上，放好后每一个都轻轻按一下，然后撒上肉桂粉。

3 在预热至230℃的烤箱中烘烤10分钟，然后将烤箱温度降低到180℃再烘烤15分钟。

Diamants
钻石饼干

法式经典饼干。如果没有食品容器也没关系，先混合配料就行。

配料（直径3厘米，约14个）

面团
黄油…60克
米粉…75克
杏仁粉…10克
糖粉…20克
盐…少量
牛奶…8克
香草精…少许

成品
蛋清…适量
白砂糖…适量

准备工作

● 将黄油从冰箱中取出，使其恢复至室温，然后切成2厘米见方的小块。
● 将烤箱预热至180℃。

制作方法

1 制作面团。将牛奶以外的配料放入食品容器中并搅拌，直到感觉表面面粗糙后将牛奶添加进去搅拌。将面团取出放在桌子上，用手将其聚拢揉在一起。

2 用保鲜膜将面团包裹起来，在冰箱中放置10分钟。取出后将其拉伸成直径3厘米的棒状，用保鲜膜包裹起来，再在冰箱中放置至少2小时，直至坚硬到还可以切块为止。

3 取出面团，用刷子将蛋清涂在面团周围。在烘焙纸上撒上白砂糖，将面团在上面滚动，使白砂糖附着在面团上。然后将面团切成1厘米厚的小圆块。

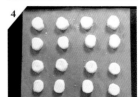

4 将烘焙纸和小圆块放在烤盘上，在预热至180℃的烤箱中烘烤20分钟。

Cookies aux noix et au chocolat Yukiko改良款

核桃巧克力饼干

美式饼干。用豆渣粉可以让饼干更香。

配料（直径7 ~ 8厘米，约16个）

黄油…62克
白砂糖…90克
盐…适量
鸡蛋…25克
香草精…适量
米粉…90克
豆渣粉…20克
*如果没有豆渣粉，则增加米粉的量。
巧克力…50克
核桃…50克

准备工作

● 将鸡蛋和黄油从冰箱中取出，恢复到室温。
● 将巧克力和核桃切碎。
● 将烤箱预热至180℃。

制作方法

1 将黄油放入盆中，分3次加入白砂糖，每次加入后用木铲搅拌混合。

2 加入盐并混合。分3 ~ 4次加入鸡蛋，每次加入后搅拌混合。加入香草精、米粉和豆渣粉，并用橡胶铲拌匀。加入巧克力碎和核桃碎，并用橡胶铲混合。

3 取约2匙面糊在手中团成团，然后将其放在铺有烘焙纸的烤盘上。用手将面团压至直径约4厘米，然后在预热至180℃的烤箱中烘烤15分钟。

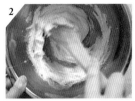

Galette au Maquiberry Yukiko改良款

马奇果饼干

一款广受关注的明星点心，用马奇果制作而成。

配料（长径约7厘米，15个）

米粉…100克
白芝麻油…65克
*还可以用橄榄油或色拉油。
马奇果粉…13克
白砂糖…36克
鸡蛋…16克
白芝麻…1小匙

准备工作

● 将烤箱预热至200℃。

制作方法

1 将所有配料放入食品容器里搅拌，然后转移到盆里，混匀。

2 揉成面团放在烘焙纸上，盖上保鲜膜，然后用擀面杖擀成3毫米厚的长方形。

3 带着烘焙纸一起放在烤盘上，然后在预热至200℃的烤箱中烘烤20分钟。趁热切成3厘米×3厘米的菱形。

配料说明

[马奇果粉]
马奇果是一种具有高抗氧化活性的水果，在智利地区自然生长，果实加工成粉末状常用于烘焙食品。

La Rose 〔Yukiko 改良款〕

玫瑰饼干

在美国发现的一种玫瑰花样子的点心，充满了法国风情。

配料（直径为5厘米的玫瑰花形模具12个）

面糊
黄油…120克
白砂糖…120克
鸡蛋…2个
食用色素（红色）…适量
玫瑰花水…适量
盐…适量
A 米粉…120克
　　发酵粉…适量

糖霜淋面
糖粉…100克
水…约20克
食用色素（红色）…适量

准备工作

● 将黄油和鸡蛋从冰箱中取出，恢复到室温。鸡蛋加水打散。

● 在模具上涂抹黄油（配料外），撒一层米粉（配料外），撒完抖落多余的米粉，然后放入冰箱冷藏。

● 将食品色素（配料外）溶于少量水中。

● 将烤箱预热至170℃。

制作方法

1 制作面糊。将黄油放入盆中，用打蛋器搅拌，让空气能溶进去。依次加入白砂糖和鸡蛋，每种分3～4次加入，每次加入后搅拌混匀。然后加入食用色素水、玫瑰花水和盐，混匀。

2 过筛 **A** 料并加至上述盆中，然后用橡胶铲轻轻混合。将面糊倒入装有裱花嘴的裱花袋中，挤入模具中。在桌子上轻蹾模具，排除里面的空气。最后在预热至170℃的烤箱中烘烤20～25分钟。

3 制作糖霜淋面。将糖粉放入碗中，加少量水化开。然后加入食用色素水并混合，糖霜淋面就做好了。

4 将糖霜淋面淋在刚刚烤好的蛋糕上，然后等待冷却。

配料说明
[玫瑰花水]
煮玫瑰花蕾后蒸馏的水。在中东地区，玫瑰花水被认为有利于身体健康。

Friand aux noisettes

榛果小蛋糕

法语的意思是"小点心"，可以用任何模具来做。

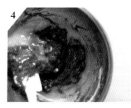

配料（4.5厘米×8.5厘米费南雪模具10个）

蛋清…115克

白砂糖…100克

A 米粉…50克

　可可粉（不加糖）…15克

榛子…40克

黄油…85克

糖粉…适量

准备工作

- 将榛子在230℃的烤箱中烘烤4分钟，然后去皮切碎。
- 将**A**料过筛后混合。
- 在模具上涂抹黄油（配料外），撒一层米粉（配料外），撒完抖落多余的米粉，然后放入冰箱冷藏。
- 将烤箱预热至200℃。

制作方法

1 将黄油放在小锅中加热融化。

2 将蛋清放入盆中，加入白砂糖并用打蛋器搅拌混合。

3 加入**A**料并用橡胶铲搅拌混合，然后加入榛子并混匀。

4 将冷却至约40℃的融化黄油倒入盆中混合。

5 将面糊倒入装有裱花嘴的裱花袋中，将其挤压至模具中，九分满即可，然后在预热至200℃的烤箱中烘烤约14分钟。烘烤结束散去余热后，从模具中取出，用滤茶网撒上糖粉。

◆ 要点
加入融化的黄油后，要充分搅拌均匀。不含麸质的米粉在混合时不会粘连，因此可以用任何方式混合。因为不会膨胀，所以也可以倒满模具。

Succès
胜利夹心蛋糕

夹着果仁奶油的夹心蛋糕吃起来十分爽口，
里面有美味的焦糖榛子。

配料（18厘米×18厘米模具1个）

夹心蛋糕面糊
蛋清…4个
白砂糖…20克
A 杏仁粉…120克
　 糖粉…100克
　 米粉…10克
糖粉…适量
杏仁片…适量

焦糖榛子
白砂糖…40克
水…少许
榛子…60克

果仁糖霜
奶油…340克
糖粉…30克
果仁酱…45克
明胶粉…4克

准备工作

● 将A料过筛后混合。
● 在烘焙纸上画一个边长18厘米的正方形。这样的烘焙纸准备两个。
● 将烤箱预热至180℃。
● 将明胶粉在耐热容器中溶于4倍水中（配料外），等其软化后，放在热水浴中溶解。

配料说明
[果仁酱]
将烘烤过的杏仁、榛子加上砂糖碾碎后制成的酱。

制作方法

1 将蛋清放入盆中，用打蛋器打散。分3次加入白砂糖，每次加入后搅拌均匀，直到蛋白霜拉起时出现直立短小尖角的状态。

2 加入过筛的A料，用橡胶铲混匀。

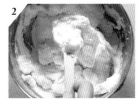

3 将混好的面糊倒入装有口径1.5厘米裱花嘴的裱花袋中，然后沿对角挤压到画有正方形的烘焙纸上。将糖粉分2次（间隔1分钟）用滤茶网撒在面团上，然后将杏仁片撒在其中一份面团上。在预热至180℃的烤箱中烘烤18分钟。

4 制作焦糖榛子。将白砂糖放入小锅中，加少量水，加热至焦糖色。从火上移开，加入榛子拌匀后倒在烘焙纸上。冷却后将其切碎。

5 制作果仁糖霜。将新鲜的奶油、糖粉和果仁酱倒入盆中，用打蛋器搅拌。加入做好的焦糖榛子和溶化的明胶并混匀。

6 组装。将烤好的蛋糕从烘焙纸上取下，并根据模具的尺寸切分。将没有撒杏仁片的那一份放在模具的底部，加入做好的果仁糖霜，并用橡胶铲涂抹均匀。将撒有杏仁片的蛋糕重叠放在上面，然后在冰箱中冷藏2小时以上使其变硬。从模具中取出并用滤茶网撒上糖粉（配料外）。

Biscuits de champagne
香槟饼干

以香槟闻名的地区，有将香槟饼干泡在香槟中食用的传统。

配料（15个的量）

蛋清…2个
白砂糖…90克
蛋黄…2个
香草精…适量
食用色素（红色）…适量
米粉…80克

准备工作

● 将食用色素溶于少量水（配料外）中。
● 将烤箱预热至180℃。

制作方法

1 将蛋清放入盆中，用打蛋器打散。分3次加入白砂糖，每次加入后搅拌。直到蛋白霜拉起时出现直立短小尖角的状态。

2 加入蛋黄、香草精、食用色素水，并用橡胶铲搅拌混合。

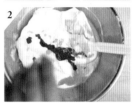

3 加入米粉，用橡胶铲由外向内混合，以免压碎蛋白霜的泡泡。
　*如果使用橡胶铲，要选用薄一点的，可以避免压碎泡泡。

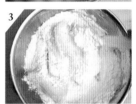

4 将面糊倒入装有口径1.5厘米裱花嘴的裱花袋中，然后在铺着烘焙纸的烤盘上挤出宽2厘米、长10厘米的面团。

5 在面团表面撒上白砂糖（配料外），静置2分钟后再撒一次。在预热至180℃的烤箱中烘烤11分钟，烘烤结束关闭烤箱后，继续将其放在烤箱内干燥30分钟。

 要点
蛋白霜是香槟饼干酥脆质地的决定性因素，在加入米粉时要轻轻混合，以免压碎蛋白霜的泡泡。

Sablés aux raisins

葡萄干曲奇

如果想让葡萄干曲奇的边缘更立体，需要下一番功夫。
其酥脆的口感在众多点心中更是脱颖而出。

配料（直径3厘米，20个）

酥脆面糊
黄油…55克
糖粉…33克
鸡蛋…22克
香草精…适量
米粉…83个

装饰
葡萄干…20粒

准备工作

● 将黄油从冰箱中取出，恢复到
　室温。
● 将烤箱预热至180℃。

制作方法

1 将黄油放入盆中，分3次加入
　糖粉，用木铲混合。将鸡蛋分3
　次加入盆中，每次加入后搅拌
　混合。

2 加入香草精和米粉，用橡胶铲
　搅拌混匀。

3 将面糊倒入带有星形裱花嘴的
　裱花袋中，并在铺着烘焙纸的
　烤盘上挤出直径2.5厘米的圆，
　在上面中心位置放一粒葡萄
　干，并将葡萄干轻轻下压。在
　预热至180℃的烤箱中烘烤
　13～14分钟。

第 4 章

家庭点心

◆

*Gâteaux pour l'heure
du goûter*

Gâteaux pour l'heure du goûter

温馨时刻·家庭点心

谈到法国的零食，妈妈亲手制作的点心才是经典。这里介绍一些家庭点心。

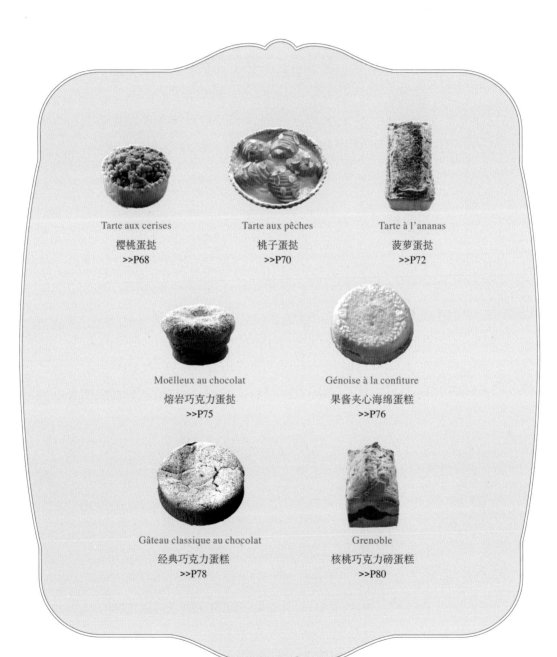

Tarte aux cerises
樱桃蛋挞
>>P68

Tarte aux pêches
桃子蛋挞
>>P70

Tarte à l'ananas
菠萝蛋挞
>>P72

Moëlleux au chocolat
熔岩巧克力蛋挞
>>P75

Génoise à la confiture
果酱夹心海绵蛋糕
>>P76

Gâteau classique au chocolat
经典巧克力蛋糕
>>P78

Grenoble
核桃巧克力磅蛋糕
>>P80

◈ 家庭点心

家庭点心主要是做给孩子们吃的。放学回家后，孩子们会急着打开橱柜，里边有几个饼干盒，装着妈妈亲手做的点心。但是漫步在法国的大街小巷，你会发现点心并不仅仅是孩子们的特权，经常能看到离开糕点店后就迫不及待大快朵颐的大人们，或者在送孩子上学后，爸爸们就一边看报纸一边吃着玛德琳蛋糕。家庭点心同样也是大人们的秘密乐趣。

◈ 最受欢迎的家庭点心

最典型的自制点心是蛋挞。不管多么不擅长料理的妈妈，在超市买了时令水果后，不一会儿就能做出好吃的蛋挞。这样的时令水果蛋挞，可以让孩子们在成长中感受到四季变化。如果想做樱桃蛋挞（P68）或桃子蛋挞（P70）可参考本书。另一个孩子们最喜爱的点心是巧克力蛋糕。当妈妈们开始做巧克力蛋糕时，那神奇诱人的香气就将孩子们从四处引诱过来，他们争抢着碗里剩下的巧克力。巧克力蛋糕的制作方法代代相传，我的朋友Parisienne就是用从她姑妈（不是从妈妈那里哦）那里学到的方法做的经典巧克力蛋糕（P78）招待大家。还有多年来一直被人们喜爱的果酱夹心、海绵蛋糕（P76）和自制果酱，制作方法是由勃艮第一位朋友的祖母教给我的。

Tarte aux cerises
樱桃蛋挞

法国人最喜欢的蛋挞。在樱桃收获的季节里，法国人经常制作
这款经典的樱桃蛋挞。樱桃蛋挞最重要的是果馅。

配料（直径5.5厘米蛋挞模具5～6个）

起酥面皮
黄油…70克
米粉…150克
盐…3克
白砂糖…10克
鸡蛋…1个

杏仁奶油
黄油…50克
白砂糖…50克
鸡蛋…1个
生奶油…30克
杏仁粉…50克
米粉…7克

蛋挞馅
米粉…14克
杏仁粉…12克
白砂糖…12克
黄油…12克
肉桂…适量

完成后
白兰地渍樱桃或樱桃…20～24颗
糖粉…适量

准备工作

● 将起酥面皮配料中的黄油切成1厘米见
　方的黄油块。

● 将起酥面皮的所有配料保存在冰箱中。

● 将杏仁奶油的配料从冰箱中取出，使其
　恢复到室温。

● 将烤箱预热至200℃。

制作方法

1 起酥面皮的制作见P28。将
　面团擀成2毫米厚的圆形，
　切成直径10cm的面饼。

2 将酥皮面饼放入模具中
　（P28），然后用叉子在上面
　戳孔。将烘焙纸盖在上面，
　放上重石，在预热至200℃
　的烤箱中烘烤10分钟。结束
　后去掉重石和烘焙纸，再烘
　烤5分钟。

3 做杏仁奶油。将黄油放入碗
　中，白砂糖和鸡蛋各分2～3
　次加入，每次加入后用木铲
　搅拌混匀。最后按配料表顺
　序加入剩下的配料，每次加
　入后都要搅拌混匀。

4 制作蛋挞馅。将制作蛋挞馅
　所需的所有配料放入盆中，
　并用手混匀。

5 将做好的杏仁奶油填入烤
　好的蛋挞皮中，加4颗控干
　水的白兰地渍樱桃，并撒上
　制作好的蛋挞馅。在预热至
　200℃的烤箱中烘烤18～20
　分钟。散去余热后，从模具
　中取出并用滤茶网撒上糖粉。

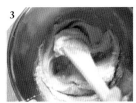
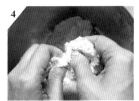

配料说明

[白兰地渍樱桃]
是指用白兰地浸渍的樱桃。如果没有，
可以将鲜食樱桃泡在白兰地中使用。

Tarte aux pêches

桃子蛋挞

桃子蛋挞是经典点心。加入糖粉的甜蛋挞皮包裹
着奶油酱和黄桃。

配料

（直径18毫米的蛋挞模具1个）

甜酥面皮

黄油…50克

糖粉…40克

鸡蛋…28克

盐…少量

A 米粉…100克

　　杏仁粉…10克

奶油酱

蛋黄…1个

白砂糖…30克

牛奶…120克

米粉…15克

白兰地…少量

装饰

黄桃（罐头）…5块

杏仁片…适量

准备工作

● 将黄油和鸡蛋从冰箱中取
　出，恢复到室温。

● 将杏仁片在230℃的烤箱中
　烘烤3分钟。

● 将烤箱预热至200℃。

制作方法

1 甜酥面皮的制作见P74。将面团擀成
　2毫米厚，放进模具中（P74），然后
　在冰箱中放置30分钟以上。

2 用叉子在底部戳孔。将烘焙纸盖
　在上面并放上重石，然后在预热至
　200℃的烤箱中烘烤10分钟（中间更
　换重石的位置）。结束后去掉重石和
　烘焙纸，再烘烤5分钟。

3 奶油酱的制作见P24，但不要添加
　香草精。散去余热后，添加白兰地
　并混匀。

4 将黄桃切成薄片。

5 组合。在烤好的蛋挞皮中填充做好
　的奶油酱，用橡胶铲将表面弄平。
　将黄桃切片呈放射状摆放在上表面，
　然后在预热至200℃的烤箱中烘烤18
　分钟。烤好后撒上烤杏仁片。

＊蛋挞皮容易受潮，所以保质期比较短。

Tarte à l'ananas

Yukiko改良款

菠萝蛋挞

使用菠萝制作的具有热带风情的蛋挞。菠萝令蛋挞清新爽口。

配料

(长20厘米、宽7厘米的蛋挞模具)

甜酥面皮

黄油···50克

糖粉···40克

鸡蛋···28克

盐···少量

A 米粉···100克

杏仁粉···10克

蛋挞馅

蛋清···50克

白砂糖···15克

B 糖粉···17克

杏仁粉···17克

米粉···7克

椰子粉···5克

菠萝···70克

装饰

椰子粉···5克

糖粉···适量

准备工作

- 将黄油和鸡蛋从冰箱中取出，使其恢复到室温。
- 将A料和B料分别过筛后混合。
- 将烤箱预热至200℃。
- 将菠萝切成8毫米大小的块状。

制作方法

1 甜酥面皮的制作见P74。将面团擀成2毫米厚，放进模具中（P74），然后在冰箱中放置至少30分钟。
*即使模具的形状不同，铺的方法也相同。

2 用叉子在底部戳孔。将烘焙纸盖在上面并压上重石，然后在预热至200℃的烤箱中烘烤10分钟（中间更换重石的位置）。结束后去掉重石和烘焙纸。

3 将蛋清放入盆中，用打蛋器打散。分3次加入白砂糖，每次加入后搅拌混合，直到蛋白霜拉起出现直立短小尖角的状态。

4 将过筛的B料加到蛋白霜中，用橡胶铲轻轻混合，然后加入椰子粉混匀，蛋挞馅就做好了。

5 组装。将切好的菠萝块放进烤好的蛋挞皮中，添加做好的蛋挞馅，然后用抹刀涂抹直到中心隆起。在表面撒上椰子粉。用滤茶网撒糖粉，静置2分钟，然后在180℃的烤箱中烘烤20分钟。

4

5

5

pâte sucrée

甜酥面皮

配料

（成品200克/直径18厘米的
蛋挞模型1个）

黄油…50克
糖粉…40克
鸡蛋…28克
盐…少量
A 米粉…100克
杏仁粉…10克

准备工作

- 将黄油和鸡蛋从冰箱中取出，使其恢复至室温。
- 将A料过筛后混合。

[如果烘烤时破裂……]

米粉制作的面皮很容易出现裂纹。出现裂纹后，可以用剩下的生面贴在上面，简单修补一下即可。如果是在烘烤后出现裂纹，修补后可以放在与烘烤温度相同的温度下再烘烤3～4分钟。所以要留下一些用来修补的生面皮。

制作甜酥面皮

❶ 将黄油放入盆中，用木铲搅拌至奶油状。将糖粉分2～3次加入并混匀。

❷ 一点一点加入用水打散的鸡蛋液，持续搅拌混合均匀。加盐。

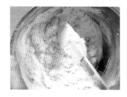

❸ 加入A料，用橡胶铲轻轻混合，然后揉成面团。再用保鲜膜包裹起来并弄平。
*冷藏时面团容易塌陷，所以做好后立刻弄平。

甜酥面皮放入模具

❹ 将保鲜膜盖在面团上，用擀面杖擀成比模具大一圈、厚2毫米的面饼。放入冰箱静置30～60分钟，至面饼硬到可以挺在模具上为止。

❺ 静置完成后取出面饼将其翻转过来扣在模具上。

❻ 剥落保鲜膜，然后将面饼铺入模具中。按压面饼使其与模具贴合，并做出底边，模具口外留一些面饼。

❼ 在模具上滚动擀面杖，多余的面饼就会被切掉。

❽ 将侧边的面饼从下向上按压，使其和模具贴合。面饼铺至模具边缘上方2毫米左右，烘烤时多少会缩回去一些，烤出来就会很漂亮。另外，最好在冰箱中放置30分钟以上。

Moëlleux au chocolat

熔岩巧克力蛋挞

像生巧克力一样的口感，不论冷热都很美味。

配料（直径7厘米的布丁模具4个）

巧克力…80克

黄油…65克

白砂糖…55克

鸡蛋…2个

米粉…10克

准备工作

● 将黄油切成易融化的小块，并切碎巧克力。

● 鸡蛋加水并打散。

● 在模具上涂一层薄薄的黄油（配料外）。

● 将烤箱预热至200℃。

制作方法

1 将巧克力和黄油放入盆中，在热水浴中不断搅拌巧克力和黄油至融化。

2 从热水浴中取出盆，加入白砂糖、鸡蛋和米粉，每次加入后搅拌均匀。

3 将面糊倒入模具中，约九分满，并在预热至200℃的烤箱中烘烤20分钟。散去余热后，从模具中取出，并用滤茶网撒上糖粉（配料外）。

◆ 要点

巧克力可以用块状的。巧克力的味道是直接散发出来的，因此如果使用可可含量高的巧克力制作，味道更为浓郁稳重。

Génoise à la confiture

果酱夹心海绵蛋糕

在日本被称为海绵蛋糕。用米粉制作时，能让其更轻更润。

配料（直径15厘米的海绵蛋糕模具1个）

海绵蛋糕面糊

鸡蛋…2个

白砂糖…60克

米粉…55克

黄油…10克

装饰

橘子果酱等…适量

糖粉…适量

橙皮碎…适量

准备工作

● 将烘焙纸铺在模具的底部和侧面
[用黄油（配料外）粘贴]。

● 将烤箱预热至180℃。

◈ 要点

这款点心的关键是控制起泡，要打泡
到可以写下"の"。用热水浴加热可以
很好地起泡，但千万不要过热。当达
到人体温度时，将其从水浴中取出。

制作方法

1 将黄油放入小锅中，加热融化。

2 将鸡蛋放入盆中，用打蛋器
打散，加入白砂糖混匀。

3 将混匀的鸡蛋白砂糖液放入
热水浴中，用电动搅拌器高速
搅拌混合，待其变得比人体
温度略高（触摸时感觉很热）
时，将其从水浴中取出并中速
搅拌，直至变白。提起搅拌器
可以写出日语的"の"时就可以
了（写到最后时，开始写的地方
已经消失的状态是最好的）。

4 将米粉筛入上述盆中，用橡
胶铲轻轻混合。加入冷却至约
40℃的融化黄油，用橡胶铲
搅拌均匀。

5 将面糊倒入模具中，并在桌
子上蹾一蹾以除去里面的空
气。在预热至180℃的烤箱中
烘烤25分钟。散去余热后，
从模具中取出，然后倒置，剥
离烘焙纸并冷却。

6 将烤好的蛋糕坯横切成上下
两层，将果酱涂抹在下层的
蛋糕坯上，然后盖上上层蛋糕
坯。覆上撒粉模具，用滤茶网
撒上糖粉，并用橙皮碎装饰。

Gâteau classique au chocolat
经典巧克力蛋糕

巧克力蛋糕是法国人喜爱的日常点心。如果用米粉做，
巧克力蛋糕更加松软。

配料（直径15厘米的海绵蛋糕模具1个）

黄油…50克

巧克力…70克

可可粉（无糖）…30克

鲜奶油…60克

蛋黄…50克

白砂糖…50克

米粉…20克

┌ 蛋清…75克
└ 白砂糖…50克

准备工作

● 将奶油和鸡蛋从冰箱中取出，使
其恢复至室温。

● 将黄油切成易于融化的小块，切
碎巧克力。

● 将烘焙纸铺在模具的底部和侧面
[用黄油（配料外）粘贴]，侧面
的烘焙纸应比模具高出2厘米。

● 将烤箱预热至170℃。

◈ 要点

巧克力可以用块状的。用可可含量高
的巧克力制作，味道会更浓郁稳重。
融化巧克力时，为保持其质量禁止将
温度升高到50℃以上。因此，巧克力
要切成易于融化的统一大小。可以利
用余热，所以不必等全部融化就可撤
去热水浴。

制作方法

1 将黄油和巧克力放入盆中，在
热水浴中搅拌黄油和巧克力至融
化。将盆从水浴中取出，添加可
可粉，用橡胶铲搅拌混匀，然后
添加鲜奶油并混匀。

2 蛋黄加水并打散，添加50克白
砂糖，用打蛋器充分搅拌混匀。
然后倒入步骤1中的材料混匀。

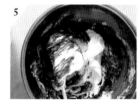

3 加入米粉，用橡胶铲充分搅拌
混匀。

4 将蛋清放入另一个盆中，用手
动打蛋器打散，将剩余的50克
白砂糖分3～4次加入，每次加
入后搅拌，制成蛋白霜。

5 做好的蛋白霜加入步骤3的盆
中，然后从外向内用橡胶铲搅拌
混合，注意不要压碎蛋白霜的
泡泡。
＊薄的橡胶铲更不容易压碎泡泡。

6 将面糊倒入模具中，并在预热
至170℃的烤箱中烘烤40分钟。
散去余热后，从模具中取出，并
用滤茶网撒上糖粉（配料外）。

Grenoble

核桃巧克力磅蛋糕

这是一款使用两种面糊做成的点心。
使用裱花袋可以轻松画出大理石花纹图案！

配料（18厘米×6厘米×8厘米模具1个）

黄油…120克

白砂糖…110克

鸡蛋…2个

A 米粉…80克

　　大豆粉…20克

　　*如果没有大豆粉，则增加米粉的量。

　　发酵粉…3克

　　盐…少量

核桃…70克

香草精…适量

可可粉（无糖）…8克

牛奶…15克

准备工作

● 将黄油和鸡蛋从冰箱中取出，使
　其恢复至室温。鸡蛋加水并打散。

● 将**A**料过筛后混合。

● 粗切核桃。

● 将烘焙纸铺在模具上。

● 将可可粉溶在牛奶中，做成可可
　牛奶。

● 将烤箱预热至230℃。

制作方法

1 将黄油放入盆中，用木铲搅拌，
　分2～3次加入白砂糖，每次加
　入后搅拌混匀。

2 分10次加入鸡蛋，每次加入后
　混合均匀。

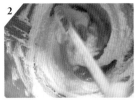

3 分两次加入**A**料，每次加入后
　用橡胶铲充分混匀。

4 将面糊按4∶1的比例分开，多
　的一份加入核桃和香草精，少的
　一份加入可可牛奶。

5 将核桃面糊的一半倒入模具中。
　用装有口径1.5厘米裱花嘴的裱
　花袋在核桃面糊上挤2长条可可
　面糊。将剩余的核桃面糊倒入模
　具中，以相同的方式挤上可可面
　糊，并用橡胶铲把面糊中间整成
　凹陷状。在预热至230℃的烤箱
　中烘烤10分钟，然后将烤箱降
　至180℃再烤30分钟。

餐后点心

◈

Desserts

Desserts

完美句点·餐后点心

法国菜不用砂糖，所以餐后点心是必不可少的。这里介绍一些餐后点心。

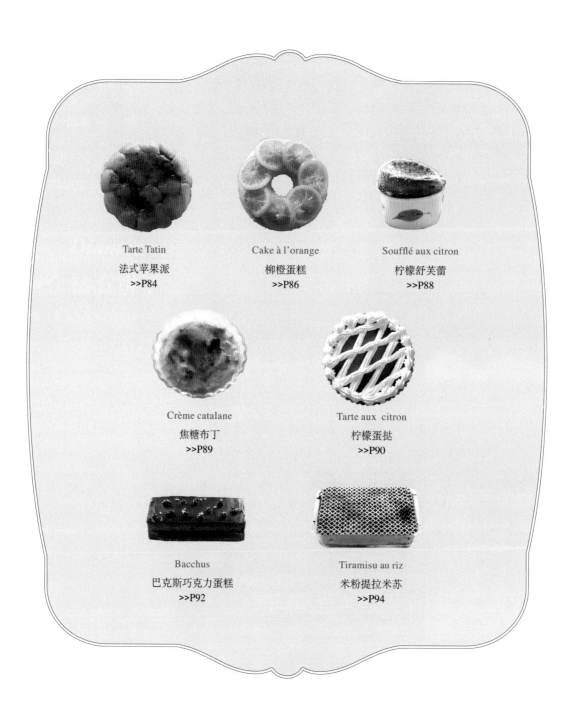

Tarte Tatin
法式苹果派
>>P84

Cake à l'orange
柳橙蛋糕
>>P86

Soufflé aux citron
柠檬舒芙蕾
>>P88

Crème catalane
焦糖布丁
>>P89

Tarte aux citron
柠檬蛋挞
>>P90

Bacchus
巴克斯巧克力蛋糕
>>P92

Tiramisu au riz
米粉提拉米苏
>>P94

◈ 法式餐后点心

"餐后点心"一词来自法语的desservir。换句话说，是在将所有的料理撤下桌子后，再享用的食物。19世纪餐后点心开始流行。18世纪法国大革命后，资产阶级、知识分子和政治家们在逛街之余，在咖啡厅享受雪糕和冰淇淋，这带动了餐后点心的流行。法国料理在烹饪时不使用砂糖，因此会让人有一种在餐后想要吃甜食的欲望，这就是为什么点心在日常生活中是必不可少的。现在，还有一种被称为"点心之前的点心"，可见点心在饮食中占据着重要的位置。

◈ 受欢迎的餐后点心

餐后点心和其他点心之间的区别在于它们是否可以携带，是否可以用刀叉。而且，由于是餐后吃的，某种程度上点心是否爽口就很重要，所以倾向使用水果制作餐后点心。其中，典型的是使用苹果或柠檬做成的法式苹果派（P84）、柠檬舒芙蕾（P88）和柠檬蛋挞（P90）等代表性点心。当然，经典的小酒馆点心焦糖布丁也不能不提。它的原型是本书介绍的焦糖布丁（P89）。提拉米苏（P94）虽然是意大利点心，但也是法国最受欢迎的小酒馆点心。另外，巧克力点心是餐厅中的经典点心。这类点心虽不清爽，但大多是餐后的点睛之笔。

Tarte Tatin
法式苹果派

法式苹果派堪称绝品，可以让人们充分享受苹果的味道。
说起法式苹果派的由来，可能是忘了放蛋挞皮，最后把它盖在了上面。

配料（直径18厘米模具1个）

起酥面皮
黄油…50克
米粉…100克
盐…少量
白砂糖…7克
鸡蛋…28 ~ 30克

果酱
白砂糖…80 ~ 100克
*白砂糖用量可根据苹果的甜度来调整。
水…30克
黄油…20克
苹果…7个小的或5个大的（约1.5
    千克）

准备工作

● 将起酥面皮配料中的黄油切成
    1厘米见方的小块。
● 将起酥面皮的所有配料（切碎
    的黄油）放在冰箱中冷藏。
● 苹果去皮，切成4等份（大的
    切成8等份），削成扇形。
● 将烤箱预热至200℃。
● 在完成之前，将烙铁加热至少
    10分钟。

制作方法

1 起酥面皮的制作见P28。将保鲜膜
    盖在面团上，用擀面杖擀成2毫米
    厚的圆形，然后切成直径18厘米
    的圆饼，用叉子在上面戳孔（P27）。
    在200℃的烤箱中烘烤18 ~ 20分钟。

2 制作焦糖。将一半的白砂糖
    （40 ~ 50克）放入直径18厘米的
    平底锅（与烤箱兼容）中，加入配
    料中准备的水，用强火加热，直到
    呈现出焦糖色。

3 等整体冷却一些后，将黄油撒在
    上面，并放上苹果，注意苹果块间
    最好没有缝隙。中途撒上剩余的白
    砂糖，然后将苹果块堆积在一起。

4 将苹果与平底锅一起放入200℃的
    烤箱中，烘烤30分钟。结束后取
    出并用烘焙纸盖好，将烘焙纸沿
    锅边压实。在200℃的烤箱中再烘
    烤30分钟。

*如果苹果很硬，请延长烘烤时间。

5 烘烤结束后从烤箱中取出，并加
    热平底锅煮出苹果汁。

6 组装。将冷却了的酥皮面饼盖在
    上面并翻转转移到盘子上。按照喜
    好撒上白砂糖（配料外），用加热
    的烙铁在糖上按压，烧成焦糖色。

*烙铁上沾的白砂糖，放在火上烤会炭化
自然掉落。

Cake à l'orange
柳橙蛋糕

酸甜多汁的果汁味道令人印象深刻。
是一款令人神清气爽的餐后点心。

配料（直径18厘米的萨瓦林模具1个）

面糊
蛋清…2个
白砂糖…60克
蛋黄…2个
A 米粉…55克
　　发酵粉…2克
柳橙皮碎…1个柳橙的量
黄油…30克

糖渍柳橙片
柳橙…1个
白砂糖…80克
水…80克

柳橙糖浆
糖渍柳橙的汤汁…30克
柳橙汁…40克

修饰
橙子果酱…适量

准备工作

● 将**A**料过筛后混合。
● 在模具上涂抹黄油（配料外），撒一层米粉（配料外），撒完抖落多余的米粉。
● 将烤箱预热至180℃。

制作方法

1 制作糖渍柳橙片。将柳橙切成薄片，放入锅中。加入白砂糖和配料中的水并加热。盖上烘焙纸，用小火煮沸，直到柳橙皮的白色部分消失。散去余热后，取出柳橙片。

2 将黄油放入小锅中加热融化。

3 将蛋清放入盆中，用打蛋器打至六分发。分3次加入白砂糖，每次加入后搅拌均匀，直到蛋白霜拉起出现直立短小尖角的状态。

4 加入蛋黄和融化的黄油快速混合，再加入过筛的**A**料混合。最后加入柳橙皮碎并混合。

5 加入冷却至约40℃的糖渍柳橙片搅拌均匀。将面糊倒入模具中，在预热至180℃的烤箱中烘烤25分钟。

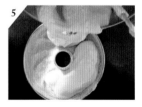

6 制作柳橙糖浆。将柳橙糖浆的配料混匀。

7 组装。散去余热后将蛋糕横坯切成上下两层，用一半的柳橙糖浆刷在下层的蛋糕上，让糖浆慢慢渗透进蛋糕坯中，然后涂上橙子果酱。盖上上层蛋糕坯，用刷子将剩余的柳橙糖浆涂抹在上面。再将糖渍柳橙片放在最上面装饰点缀。

Soufflé aux citron
柠檬舒芙蕾

入口即化，最好趁热吃。

配料

（直径8厘米、高4.5厘米的舒芙蕾
模具8个）

米粉…60克

白砂糖…80克

牛奶…253克

柠檬汁…80克

柠檬皮碎…1个柠檬的量

蛋黄…4个

蛋清…4个

黄油…27克

准备工作

● 将黄油切成丁。

● 在模具上涂抹黄油（配料
外），撒上白砂糖（配料外），
撒完抖落多余的白砂糖，然
后放入冰箱冷藏。

● 将烤箱预热至180℃。

制作方法

1 将米粉和一半的白砂糖（40克）放入
盆中混合。将牛奶、柠檬汁和柠檬
皮碎放入锅中，煮沸。将米粉和白
砂糖的混合物倒入锅中搅拌混匀。

2 加热至锅中物呈糊状。从火上移开
锅，加入蛋黄混合，再加入黄油搅
拌使其融化。

3 将蛋清放入另一个盆中，用打蛋
器打散。分3次加入剩余的白砂
糖，每次加入后搅拌，直到蛋白霜
拉起出现直立短小尖角的状态。将
步骤2的材料加入混匀。

4 将面糊倒入模具，倒满。用抹刀
刮平上面。用手指沿边缘划出一条
凹槽。在预热至180℃的烤箱中烘
烤25分钟。根据喜好用滤茶网撒
上糖粉（配料外）。

Crème catalane

焦糖布丁

制作简单，是加泰罗尼亚地区（靠近西班牙）的经典点心。

配料（直径10厘米的焗菜盘6个）

鸡蛋…2个

蛋黄…1个

白砂糖…40克

米粉…10克

牛奶…140克

鲜奶油…140克

香草荚…1/3根

准备工作

● 在焗菜盘上涂抹一层薄薄的黄油
（配料外），放入冰箱冷藏。

● 将烤箱预热至180℃。

● 在完成之前，将烙铁加热至少10
分钟。

制作方法

1 将鸡蛋、蛋黄和白砂糖放入盆
中，用打蛋器搅拌均匀。米粉
过筛并加入混匀。

2 将牛奶、鲜奶油及切碎的香草
荚和种子一起放入锅中煮沸。

3 将步骤**2**的材料倒入步骤**1**
的盆中混合，然后放回锅中重
新在火上加热至锅中材料呈糊
状。之后倒入焗菜盘中。散去
余热后，放入冰箱中冷却1小
时以上。

4 撒上白砂糖（配料外），用热烙
铁压在糖上直到出现焦糖色。
*烙铁上沾的白砂糖，放在火上烤会
炭化自然掉落。

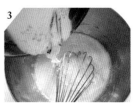

Tarte aux citron
柠檬蛋挞

在甜甜的蛋挞中加入酸甜可口的柠檬。
品尝时，柠檬清爽的味道溢满口腔。

配料

（直径18厘米的蛋挞模具1个）

甜酥面皮
黄油…50克
糖粉…40克
鸡蛋…28克
盐…少量
A 米粉…100克
　　杏仁粉…10克

果酱
蛋黄…2个
白砂糖…36克
柠檬汁…50克
米粉…1大匙
黄油…10克
柠檬皮碎…1个柠檬的量
⌈蛋清…40克
⌊白砂糖…20克

装饰
鲜奶油…130克
糖粉…8克

准备工作

● 将**A**料过筛后混合。
● 将甜酥面皮配料中的黄油和鸡蛋从冰箱中取出，使其恢复到室温。
● 将烤箱预热至180℃。

制作方法

1 甜酥面皮的制作见P74。将面团擀至2毫米厚，铺在模具中（P74），然后在冰箱中放置30分钟以上。用叉子在上面戳孔。盖上烘焙纸，并在烘焙纸上压上重石。然后在200℃的烤箱中烘烤10分钟（中途更换重石的位置）。结束后拿走重石和烘焙纸，再烘烤5分钟。

2 制作果酱。将蛋黄放入盆中，用打蛋器打散，然后按配料表顺序加入36克白砂糖、柠檬汁、米粉、黄油和柠檬皮碎。将盆放入热水浴中，搅拌混合盆中的材料，直到能用打蛋器拉出纹路。

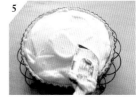

3 将蛋清放入另一个盆中，用打蛋器打散。分2次加入剩余的20克白砂糖，每次加入后搅拌均匀，直到蛋白霜拉起出现直立尖角的状态。

4 在步骤**2**的盆中加入做好的蛋白霜，从外向内用橡胶铲混合，注意不要压碎蛋白霜的泡泡，蛋挞果酱就做好了。
＊薄的橡胶铲更不容易压碎泡泡。

5 将做好的果酱倒入烤好的蛋挞皮中，中心部要略微隆起，然后在180℃的烤箱中烘烤20分钟。

6 将鲜奶油和糖粉放入盆中，搅拌起泡，然后放入星状裱花嘴的裱花袋中，挤压在冷却后的蛋挞上。

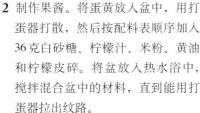

Bacchus
巴克斯巧克力蛋糕

由浓郁的巧克力和朗姆酒制作而成，是成人享用
的点心。推荐使用70%可可含量的巧克力。

配料

(8厘米×20厘米×5厘米长方形模
具1个)

可可蛋白霜

蛋清…200克

白砂糖…30克

A 杏仁粉…80克
 米粉…20克
 糖粉…100克
 可可粉…30克

甘纳许酒渍

巧克力…220克

鲜奶油…120克

蜂蜜…10克

朗姆酒…20克

巧克力慕斯

鲜奶油…100克

巧克力…50克

酒渍

朗姆酒腌制的葡萄干…适量

准备工作

- 将**A**料过筛后混合。
- 将烤箱预热至200℃。
- 将巧克力切碎，放在盆中。

制作方法

1 制作可可蛋白霜。将蛋清放入盆中，用打蛋器打发起泡。分3次加入白砂糖，每次加入后搅拌均匀。直到蛋白霜拉起出现直立尖角的状态。

2 向步骤**1**的盆中加入过筛的**A**料，混合均匀。

3 将面糊倒在铺着烘焙纸的烤盘上，然后用抹刀抹匀，大约厚8毫米，然后在预热至200℃的烤箱中烘烤15分钟。

4 制作甘纳许酒渍。用一个小锅煮沸鲜奶油和蜂蜜，倒入装有巧克力的盆中，巧克力会融化。冷却后，加入朗姆酒并混匀。

5 制作巧克力慕斯。将巧克力放入盆中，把盆放入热水浴中使巧克力融化。

6 将鲜奶油放入步骤**5**的盆中，搅拌起泡（到不能流动为止），加入融化冷却至40℃的巧克力并混匀。

7 组合。根据模具的尺寸切分烤好的蛋糕坯。将其中一块放在模具上。撒上沥干水分的葡萄干，倒入2/3的甘纳许酒渍，再撒上葡萄干。

8 在上面叠加一块蛋糕坯，抹上一层巧克力慕斯，再叠加一块蛋糕坯，取一些甘纳许酒渍倒在上面，再撒上10粒沾有甘纳许酒渍的葡萄干。放入冰箱中冷藏2小时以上使其变硬。

Tiramisu au riz Yukiko改良款

米粉提拉米苏

提拉米苏是法国人最喜爱的意大利点心。奶油中加入了
法国的经典点心牛奶煮米饭。

配料

（长25厘米的焗菜盘1个）

面糊
蛋清…2个
白砂糖…60克
蛋黄…2个
香草精…适量
米粉…60克

奶油
大米…80克
牛奶…800克
白砂糖…80克
盐…少量
香草荚…1/3根
蛋黄…2个
马斯卡彭奶酪…120克
┌ 蛋清…2个
└ 白砂糖…10克

咖啡糖浆
速溶咖啡…6克
水…80克
白砂糖…70克
柑曼怡香橙甜酒…1大匙

装饰
可可粉（无糖）…适量
鲜奶油…100克

准备工作

● 将烤箱预热至180℃。

制作方法

1 将蛋清放入盆中，用打蛋器打散起泡。分3次加入白砂糖，每次加入后搅拌。直到蛋白霜拉起出现直立尖角的状态。

2 加入蛋黄和香草精，用橡胶铲搅拌混匀。用筛子筛入米粉，从外向内、从下向上搅拌，注意不要压碎蛋白霜的泡泡。

3 将面糊倒入铺着烘焙纸的烤盘上，用抹刀抹匀，约1厘米厚，然后用滤茶网撒上糖粉（配料外），在预热至180℃的烤箱中烘烤13分钟。

4 做奶油。将大米、牛奶、80克白砂糖、盐和香草荚放入锅中，文火加热。用木铲不停搅拌，直至液体量为原来的1/3为止。

5 散去余热后，加入蛋黄和马斯卡彭奶酪，混匀。

6 将蛋清放入盆中，用打蛋器打散，将剩余的10克白砂糖分两次加入，每次加入后搅拌均匀，直到蛋白霜拉起出现直立尖角的状态。加入做好的奶油，用橡胶铲充分混合。

7 制作咖啡糖浆。将柑曼怡香橙甜酒以外的其他配料放入小锅中煮沸，散去余热后，加入柑曼怡香橙甜酒混匀。

8 组合。烤好的蛋糕坯切成烤盘底部大小的2块，将其中一块放在烤盘上，用刷子刷上一半的咖啡糖浆，再用滤茶网撒满可可粉，并倒上一半的奶油。

9 将另一块蛋糕坯叠放在上面，刷上剩余的咖啡糖浆。用滤茶网撒满可可粉，然后倒入剩余的奶油。在冰箱中冷藏至少2小时。

10 鲜奶油打发起泡，然后从冰箱取出蛋糕，将打发的鲜奶油涂抹在上面，覆上撒粉模具，并用绿茶网撒满可可粉。

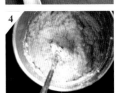

图书在版编目（CIP）数据

好吃的低糖法式点心 /（日）大森由纪子著；新锐
园艺工作室组译 . —北京：中国农业出版社，2021.12
（完美烘焙术系列）
ISBN 978-7-109-28390-9

Ⅰ.①好… Ⅱ.①大…②新… Ⅲ.①糕点-制作-
图解 Ⅳ.①TS213.23-64

中国版本图书馆CIP数据核字（2021）第117948号

合同登记号：01-2019-5736

日文原版制作成员信息：
设计：丸三角
摄影：吉田笃史
版式设计：大森由纪子　平山祐子
协调人员：村田佑介
策划编辑：平山祐子

摄影协助
· M'amour
器皿：P.3、20、26、27、54、55、59、60、62、
　　　63、64、72、78、79、94
布类：P.26、27、40、47、62、63
装饰蕾丝纸垫：P.22、29、70
· UTUWA

材料协助
· 中泽乳业株式会社　中泽食品株式会社
（黄油、鲜奶油、牛奶）
· 日清制粉株式会社（米粉）

HAOCHI DE DITANG FASHI DIANXIN

中国农业出版社出版
地址：北京市朝阳区麦子店街18号楼
邮编：100125
责任编辑：郭　科　郭晨茜　国　圆
版式设计：郭　科　责任校对：吴丽婷
投稿联系：郭编辑（13581989147）
印刷：北京中科印刷有限公司
版次：2021年12月第1版
印次：2021年12月北京第1次印刷
发行：新华书店北京发行所
开本：787mm×1092mm　1/16
印张：6.5
字数：100千字
定价：60.00元

KOMUGIKO NASHIDE OISHI FRANCE GASHI
by Yukiko Omori
Copyright ©2016 Yukiko Omori
All rights reserved.
Original Japanese edition published by Seibundo
Shinkosha Publishing Co., Ltd.
This Simplified Chinese language edition
published by arrangement with
Seibundo Shinkosha Publishing Co., Ltd., Tokyo in
care of Tuttle-Mori Agency, Inc.,
Tokyo through Beijing Kareka Consultation
Center, Beijing

本书简体中文版由株式会社诚文堂新光社授权
中国农业出版社有限公司独家出版发行。通过株式
会社TUTTLE-MORI AGENCY,INC和北京可丽可咨
询中心两家代理办理相关事宜。本书内容的任何部
分，事先未经出版者书面许可，不得以任何方式或
手段复制或刊载。